T0220224

Informatorium voor Voeding en Diëtetiek

Majorie Former • Gerdie van Asseldonk
Jacqueline Drenth • Gerdien Ligthart-Melis
(Redactie)

Informatorium voor Voeding en Diëtetiek

Dieetleer en Voedingsleer –
Supplement 95 – april 2017

Bohn
Stafleu
van Loghum

Houten 2017

Redactie
Majorie Former
Almere, The Netherlands

Jacqueline Drenth
Garrelsweer, The Netherlands

Gerdie van Asseldonk
Delft, The Netherlands

Gerdien Ligthart-Melis
Almere, The Netherlands

ISBN 978-90-368-1773-8   ISBN 978-90-368-1774-5 (eBook)
DOI 10.1007/978-90-368-1774-5

NUR 893
Basisontwerp omslag: Studio Bassa, Culemborg
Automatische opmaak: Scientific Publishing Services (P) Ltd., Chennai, India

Bohn Stafleu van Loghum
Het Spoor 2
Postbus 246
3990 GA Houten

www.bsl.nl

Voorwoord bij supplement 95

April 2017

Beste collega,

In het eerste supplement van 2017 treft u twee nieuwe onderwerpen aan die zeer interessant zijn voor de dagelijkse praktijk van de diëtist:

- 'Dieetbehandeling eosinofiele oesofagitis', geschreven door mw. W. Frank, diëtist in het Gelre ziekenhuis Apeldoorn.

  Eosinofiele oesofagitis is een chronisch ontstoken slokdarm met een verhoogd aantal eosinofielen (witte bloedcellen). Dit ziektebeeld wordt in toenemende mate gediagnosticeerd. De ontsteking gaat gepaard met oedemen, ringen en groeven in de mucosa van de slokdarm. Diagnose en behandeling bestaan onder andere uit het lokaal toedienen van corticosteroïden en/of een elementair dieet of eliminatiedieet. In Nederland (en Europa) bestaat nog geen eenduidige behandeling. Diëtisten hebben kennis nodig van het dieet bij een voedselovergevoeligheid en werken nauw samen met (kinder-)MDL-artsen en (kinder)allergologen.

- 'Gepersonaliseerde voeding en zelfmonitoring', geschreven door mw. M. Former-Boon, diëtist, hoofdredacteur *Informatorium voor Voeding & Diëtetiek,* Almere, dr. ir. A. Ronteltap, senior onderzoeker Lectoraat Crossmediale Communicatie in het Publieke Domein (PubLab), Hogeschool Utrecht, en ir. B.D.S. Clabbers, Senior Business Developer Personalized Nutrition & Health, TNO, Zeist.

  In de nieuwe definitie voor gezondheid wordt gezondheid omschreven als het dynamische vermogen van mensen om zich met veerkracht aan veranderende omstandigheden aan te passen. Hierin past het zelf regie voeren en zelfmanagement. Met gezondheidstools zijn lichaamsfuncties, zoals bloeddruk, hartslag, bloedglucosespiegel, zuurstofsaturatie, cognitieve prestaties en welbevinden te meten. Gepersonaliseerde voeding en leefstijladviezen sluiten hierbij aan. Voor bedrijven biedt dit de mogelijkheid om op het individu afgestemde producten en diensten te ontwikkelen. Diëtisten (en andere professionals) kunnen met behulp van innovaties op het gebied van zelfmonitoring persoonlijke gegevens verzamelen om de individuele behandeling af te stemmen. Gepersonaliseerde interventies zijn mogelijk effectiever en kunnen de compliance verhogen.

De volgende hoofdstukken zijn geactualiseerd:

- 'Eetgedrag van ouderen: regulatie van voedselinname' door S.J.G.M. van der Staak, MSc, en R.M.A.J. Ruijschop, PhD, beiden werkzaam bij NIZO food research.
- 'Voeding bij kinderen met oncologische aandoeningen' door dr. M.D. van de Wetering, kinderoncoloog, en drs. M.E. Dijsselhof, diëtist kindergeneeskunde/klinisch epidemioloog, beiden werkzaam in het Emma Kinderziekenhuis/AMC, Amsterdam.
- 'Voeding bij neuromusculaire aandoeningen' door mw. J.C. Wijnen, diëtist, verbonden aan Vereniging Spierziekten Nederland.

Tot slot

Mw. dr. Gerdien Ligthart-Melis heeft met ingang van 1 januari haar functie als redactielid opgezegd. Caroelien Schuurman, diëtist en onderzoeksmedewerker aan de Hogeschool Amsterdam, heeft haar plaats ingenomen.

Met vriendelijke groet,
namens de redactie,
Majorie Former-Boon, hoofdredacteur *Informatorium voor Voeding en Diëtetiek*

Inhoud

Hoofdstuk 1
Dieetbehandeling eosinofiele oesofagitis

April 2017

W. Frank

Met dank aan:
Dr. J.H. Oudshoorn, kinderarts maag-darm-leverziekten (MDL),
Gelre Ziekenhuis Apeldoorn
In samenwerking met DAVO (Diëtisten Alliantie Voedsel
Overgevoeligheid)

Samenvatting Eosinofiele oesofagitis is een chronisch ontstoken slokdarm met een verhoogd aantal eosinofielen (witte bloedcellen). Dit ziektebeeld wordt in toenemende mate gediagnosticeerd. De ontsteking gaat gepaard met oedemen, ringen en groeven in de mucosa van de slokdarm. Voedselallergie speelt een belangrijke rol bij de pathogenese. Diagnose en behandeling bestaan onder andere uit het lokaal toedienen van corticosteroïden en/of een elementair dieet of eliminatiedieet (6FED of 2FED). In Nederland (en Europa) bestaat nog geen eenduidige behandeling. Diëtisten hebben kennis nodig van het dieet bij een voedselovergevoeligheid en werken nauw samen met (kinder-)MDL-artsen en (kinder)allergologen.

1.1 Inleiding

Eosinofiele oesofagitis (EoE) is sinds het begin van deze eeuw een erkende chronische immuunziekte/antigeengemedieerde ziekte van de oesofagus die steeds vaker zowel bij kinderen als volwassenen wordt gediagnosticeerd. EoE wordt gekenmerkt door ontsteking met een verhoogd aantal eosinofiele granulocyten (witte bloedcellen) – kenmerkend voor een niet-IgE-gemedieerde reactie in het epitheel van de slokdarm. Men spreekt van abnormale hoeveelheden eosinofiele granulocyten als in de slokdarm per biopt (distaal en proximaal) meer dan 15 eosinofiele

W. Frank (✉)
Gelre Ziekenhuis, Apeldoorn, The Netherlands

© Bohn Stafleu van Loghum, onderdeel van Springer Media B.V. 2017
M. Former et al. (Red.), *Informatorium voor Voeding en Diëtetiek*,
DOI 10.1007/978-90-368-1774-5_1

granulocyten per high powerfield (HPF) worden gevonden. High powerfield is de grootste vergroting (400×) van een microscoop. De eosinofiele granulocyten worden door een laborant gekleurd en geteld. Deze eosinofiele inflammatie reageert niet op adequate zuurremming, waarmee gastro-oesofageale refluxziekte (GORZ) kan worden uitgesloten.

De klachten kunnen op verschillende leeftijden beginnen, waarbij de symptomen van dysfagie opvallend zijn (Rhijn et al. 2012), vooral bij oudere kinderen en volwassenen. De klachten komen sterk overeen met die van gastro-oesofageale refluxziekten. EoE wordt momenteel behandeld met een eliminatiedieet en/of medicatie. Soms is dilatatie van de slokdarm nodig in het geval van een optredende vernauwing (stenose).

EoE maakt deel uit van de eosinofiele gastro-intestinale stoornissen (EGIDs). Dit is een groep van ziekten waarbij eosinofiele granulocyten pathologisch verhoogd zijn in het maag-darmkanaal. Deze stoornissen omvatten:

– eosinofiele oesofagitis (EoE) - dit is de meest voorkomende vorm van EGID;
– eosinofiele gastritis;
– eosinofiele gastro-enteritis, die zowel in de maag als dunne darm gelokaliseerd is;
– eosinofiele colitis.

Voedselovergevoeligheid speelt een belangrijke rol bij de pathogenese van EGIDs.

EoE is een chronisch, terugkerende inflammatie-ziekte met vooralsnog onduidelijke langetermijnconsequenties.

1.2   Prevalentie

EoE wordt steeds vaker genoemd als een oorzaak van dysfagie. De typische patiënt met EoE is een jongvolwassen man met intermitterende passageklachten en veelal een atopische constitutie, zoals eczeem, astma, hooikoorts en/of voedselallergie (Rhijn en Bredenoord 2011).

De prevalentie van EoE neemt wereldwijd toe. Het is onduidelijk of dit een reële toename is of dat het te maken heeft dat de ziekte beter wordt herkend en dus ook meer wordt gediagnosticeerd. Volgens de laatste gegevens is de prevalentie in Nederland 1–5 patiënten op de 100.000 mensen (Lucendo en Sánchez-Cazalilla 2012; Rhijn et al. 2013). In 2010 was dat 1,31 patiënten op de 100.000, van wie 20 % onder de 18 jaar was. In de VS ligt de prevalentie een stuk hoger, namelijk 56 op de 100.000 mensen.

1.3   Symptomen

De EoE-patiënt presenteert zich in de kindertijd of op jongvolwassen leeftijd. EoE wordt geassocieerd met andere atopische aandoeningen als voedselallergie: astma, eczeem, chronische rinitis en milieuallergieën. Klinische verschijnselen van EoE bij kinderen zijn niet specifiek en leeftijdsafhankelijk. Bij baby's en peuters uit de ziekte zich in eetproblemen en 'failure to thrive' (onvoldoende groei), terwijl schoolgaande kinderen vaker klachten hebben als braken of buikpijn. Klinische verschijnselen van EoE bij kinderen zijn veelal aspecifiek. Denk hierbij aan eetproblemen: langzaam eten, langdurig kauwen, weerstand tegen hard, korrelig of draderig eten, veel drinken bij het eten en snel een vol gevoel.

Bij grotere kinderen/pubers en volwassenen is voedselimpactie of dysfagie het meest voorkomende symptoom. Voedselimpactie is het volledig vastzitten van voedsel in de slokdarm, dat niet weggeslikt of opgehoest kan worden. Bij 33–54 % van de volwassen EoE-patiënten is endoscopische verwijdering van de voedselbrok noodzakelijk. Ook persisterende gastro-oesofageale reflux ondanks adequate zuurremming kan een symptoom zijn, vooral bij tieners en volwassenen.

Fibrosering en stenosering van de mucosa van de slokdarm als gevolg van de langdurige ontsteking bij EoE leidt tot klachten. Bij kinderen kunnen de littekens en de ringen in de slokdarm verdwijnen. Bij oudere kinderen en volwassenen kan het zijn dat de ringen en stenosering van het slokdarmweefsel aanwezig blijven, ook als er geen eosinofielen meer in het epitheel van de slokdarm zitten. Bij terugkerende voedselimpactie is dilatatie een optie. Het is nog niet bewezen dat jonge kinderen, net als bij IgE-gemedieerde voedselovergevoeligheden, 'over de allergie heen kunnen groeien'.

Afwijkingen die met een scopie worden waargenomen bij EoE zijn:

- longitudinale plooien (fig. 1.1);
- witte plak (fig. 1.2);
- concentrische ringen/trachealisatie (fig. 1.3);
- onregelmatigheden in de slokdarmmucosa (fig. 1.4).

1.4 Pathologie

Voedsel- en inhalatieallergenen lijken een grote rol te spelen bij de pathologie van EoE. Door de beschadiging aan de slokdarm worden bepaalde moleculen, zoals de voedsel- en inhalatieallergenen, doorgelaten die het immuunsysteem activeren met als reactie inflammatie.

EoE is een combinatie van IgE- en niet-IgE-gemedieerde contactallergieën. Het onderliggende mechanisme bij EoE is nog niet volledig duidelijk. Voorheen werd gedacht dat EoE IgE-gerelateerd was, omdat patiënten met EoE hoge IgE-waarden bleken te hebben. Recentere onderzoeken wijzen er echter op dat EoE ook kan voorkomen zonder hoge IgE-waarden. Daar komt bij dat sensibilisatieonderzoek bij EoE weinig voorspellend is en meestal van weinig nut. Hierdoor wordt er momenteel van uitgegaan dat een deel van het onderliggende mechanisme niet IgE-gerelateerd is.

IgE is een afkorting voor immunoglobuline E, een antilichaam dat zich hecht aan een allergeen. Een allergische voedselovergevoeligheid kan worden ingedeeld

Figuur 1.1 Longitudinale
plooien. (Bron: Gelre
Ziekenhuis Apeldoorn)

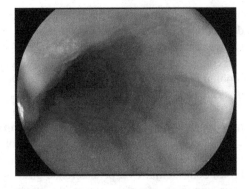

Figuur 1.2 Witte plak.
(Bron: Gelre Ziekenhuis
Apeldoorn)

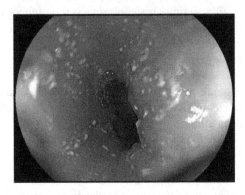

Figuur 1.3 Concentrische
ringen. (Bron: Gelre
Ziekenhuis Apeldoorn)

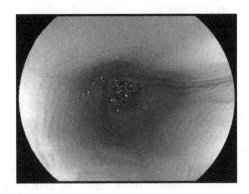

in twee vormen: IgE-gemedieerde voedselallergie en niet-IgE-gemedieerde voedselallergie. De meeste voedselallergieën zijn IgE-afhankelijk.

De reactie treedt op als het allergeen meerdere malen met de slokdarm in
contact komt. In de slokdarmwand worden niet alleen veel actieve eosinofiele
granulocyten aangetroffen, maar ook T-lymfocyten en mestcellen. Deze laatste beïnvloeden de functie van het gladde spierweefsel. De T-helper-2-(Th2-)

Figuur 1.4 Onregelmatigheden
in de slokdarmmucosa. (Bron:
Gelre Ziekenhuis Apeldoorn)

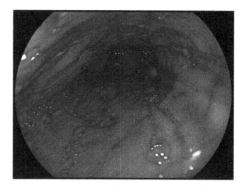

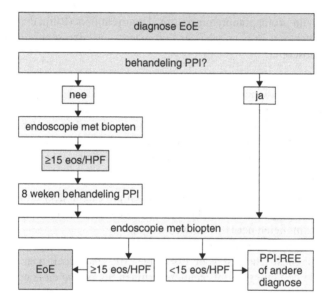

Figuur 1.5 Samenvatting pathologie. (Gebaseerd op: Rothenberg 2009)

geassocieerde immuunrespons, genetische aanleg, omgevingsfactoren en allergische constitutie spelen allemaal een rol. Ook inhalatieallergenen kunnen een rol spelen. Indien een IgE-reactie voor een voedselallergeen wordt waargenomen, is dit niet altijd de oorzaak van de EoE (Rothenberg 2009; Dellon 2012; fig. 1.5).

Veel patiënten met EoE hebben een atopische aanleg. Vermoed wordt dat niet alleen voedselallergenen, maar ook inhalatieallergenen de aandoening kunnen uitlokken. Het is niet duidelijk of allergenen, zoals tarwe, getest kunnen worden in een periode van veel (gras)pollen, omdat dan niet duidelijk gemaakt kan worden of het om een inhalatieallergeen of tarwe als veroorzaker gaat (Papadopoulou 2014).

Eosinofiele cellen in de slokdarm worden ook geassocieerd met coeliakie, de ziekte van Crohn, achalasie, vasculitis en bindweefselziekten. Deze aandoeningen moeten daarom worden uitgesloten tijdens de initiële diagnostiek.

1.5 Diagnostiek

Om de invloed van refluxziekten uit te sluiten, moeten patiënten met een vermoeden op EoE twee maanden een adequate hoge dosering van zuurremming hebben gehad, gevolgd door endoscopie met biopten. Een derde van alle patiënten met verdenking EoE reageert op een adequate zuurremming. Deze patiënten vallen niet onder de diagnose EoE, maar hun aandoening wordt ook wel PPI-responsive EoE genoemd; PPI zijn protonpompremmers ofwel zuurremmers (Rhijn et al. 2014).

De diagnostiek van EoE is gebaseerd op macro- en microscopische bevindingen bij een endoscopie.

Macroscopisch
Patiënten met EoE kunnen ringen (ook aangeduid als een gegolfd uiterlijk), oedeem, wit beslag en longitudinale groeven hebben. Slokdarmwandverdikkingen, subepitheliale fibrose en neurologische disfunctie vinden plaats onder het epitheel (fig. 1.1). Macroscopische afwijkingen hoeven niet aanwezig te zijn. Een slokdarm die er macroscopisch normaal uitzien, sluit EoE dus niet uit.

Microscopisch (biopsie)
Er worden twee tot vier biopten uit het distale en proximale deel uit de slokdarm genomen. Om de diagnose EoE te kunnen uitsluiten mogen er in de biopten niet meer dan 15 eosinofielen per HPF aanwezig zijn.

Endoscopie met multipele oesofageale biopsie is op dit moment de enige betrouwbare diagnostische test voor EoE (fig. 1.6). Onderzoek naar biologische metingen die de definitie van EoE zouden verfijnen, loopt nog en is nog niet klaar voor klinisch gebruik.

1.6 Behandeling

EoE wordt momenteel behandeld met een eliminatiedieet en/of medicatie, en zo nodig dilatie van de slokdarm. De keuze tussen dieet of medicatie is grotendeels afhankelijk van de wensen van de patiënt. Hoe jonger het kind, des te meer de voorkeur uitgaat naar behandeling met een dieet. De achterliggende gedachte is dat de stenosering bij kinderen reversibel is en het rendement van een dieet daardoor groter is

Het doel van dieettherapie is niet alleen klinische en histologische remissie. Belangrijker nog is om de remissie te behouden door het blijvend elimineren van de voedseltrigger(s). Voor kinderen is de handhaving van normale groei en

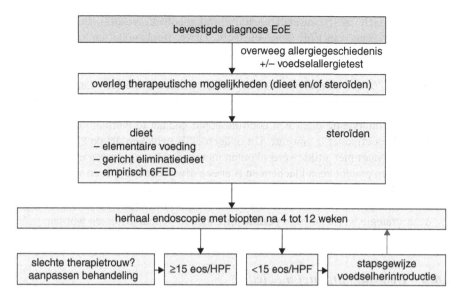

Figuur 1.6 Stellen van de diagnose eosinofiele oesofagitis (EoE). (Gebaseerd op: Papadopoulou 2014)

ontwikkeling met een goede volwaardige voeding belangrijk. Ook van belang is het normaliseren van de slokdarmmucosa, zodat klachten als gevolg van stenoserende littekens op latere leeftijd voorkomen worden.

Een volwassene kan behandeling met dieettherapie worden aangeboden als een alternatief voor chronische farmacologische therapie, mits de patiënt gemotiveerd is om zijn/haar voedseltrigger(s) te vinden en bereid is om het voedsel uit het dieet te elimineren.

1.6.1   Behandeling met een dieet

Er zijn verschillende dieetinterventies mogelijk bij EoE en er is nog geen gouden standaard ontwikkeld. Bij alle opties worden eerst allergenen uit de voeding geëlimineerd om ze later weer stapsgewijs aan de voeding toe te voegen. Er zijn drie strategieën voor dieettherapie.

1. Het elimineren van alle mogelijke voedselallergenen en voeden met een elementaire op aminozuur gebaseerde formule. Hierna stapsgewijze herintroductie van de geëlimineerde voedingsmiddelen.
2. Een gericht eliminatiedieet op geleide van allergietesten en een voedingsanamnese, waarbij de patiënt aangeeft voor welke voedingsmiddelen hij/zij allergisch denkt te zijn.

3. Een empirisch 'zes voedselallergenen eliminatiedieet', waarbij de zes meest
   bekende triggers van EoE (soja, ei, melk, tarwe, pinda/noten en vis) worden
   geëlimineerd en na verloop van tijd worden geherintroduceerd. Pinda, schaal-
   en schelpdieren moet de diëtist per patiënt bespreken. Dit wordt 'Big 6',
   '6FED' of '6 food elimination diet' of 'SFED' genoemd. De duur van de behandeling is gewoonlijk 4–12 weken per herintroductie van ieder allergeen.

Na elke dieetinterventie dient een controlescopie gedaan te worden om te bepalen of het dieet effectief is geweest. Uit onderzoek is gebleken dat de klachten die
een patiënt ervaart niet altijd overeenkomen met de resultaten van een endoscopie.
Soms heeft een patiënt geen klachten en is er een afwijkende scopie en vice versa.

Omdat de eliminatie en identificatie van voedselallergenen arbeidsintensief is,
behoorlijke kosten met zich meebrengt en de nodige tijd vergt, moet de beslissing
hoe deze strategie wordt gevolgd gezamenlijk met de patiënt genomen worden.

1.6.2 Behandeling met medicatie

Topicale (= plaatselijke) steroïden - fluticason dosisaerosol/fluticason of budeso-
nide suspensie - ingeslikt in plaats van ingeademd, voor de duur van acht weken
zijn een eerstelijns farmacologische therapie voor de behandeling van EoE.
Prednison kan nuttig zijn voor het behandelen van EoE als topische steroïden niet
doeltreffend zijn of bij patiënten die een snelle vermindering van de symptomen
vereisen. Dit gebeurt, gezien de forse bijwerkingen, alleen in uitzonderlijke situaties. Dilatatie van de slokdarm wordt bij volwassenen alleen aanbevolen in uitzonderlijke gevallen, wanneer de vernauwing van de slokdarm aanhoudt ondanks de
behandeling (Dellon et al. 2014).

Medicatie, zoals topicale steroïden, geeft een tijdelijke vermindering van de
symptomen. Wanneer de medicatie gestopt wordt, komen de symptomen terug.

Er wordt per patiënt gekeken welke behandeling het beste aansluit. Dit gebeurt
in overleg met de patiënt, de arts en de diëtist.

1.6.2.1 Elementaire voeding

De meest effectieve dieettherapie (met 95–98 % vermindering van de symptomen
en verbetering van de histologie binnen vier weken) is het elementaire dieet, waarbij eiwit wordt aangeboden in de meest elementaire vorm: aminozuren. Bij jonge
kinderen wordt vaker de keuze gemaakt voor een tijdelijke elementaire voeding
op basis van volledige aminozuurmengsels. Deze kan per os of via sonde worden
toegevoegd. Na het berekenen van de energiebehoefte kan de hoeveelheid drink-/
sondevoeding worden bepaald. Hoe jonger het kind, des te beter wordt het ami-
nozuurmengsel oraal geaccepteerd. Een nadeel is de lange introductietijd van alle

voedingsmiddelen; dit kan tot één jaar duren. Met deze dieettherapie wordt de patiënt zo snel mogelijk in remissie gebracht, waarna de verschillende voedingsmiddelen worden geïntroduceerd (Arias 2014).

Er kan ook gekozen worden voor een periode van 4–8 weken elementaire voeding. Na deze periode volgt een scopie met biopsie. Een slokdarm zonder of met hooguit 15 eosinofielen per HPF is het uitgangspunt om voeding weer te herintroduceren. Hierbij kan men ervoor kiezen dat de basis een elementaire voeding blijft. Dr. Spergel van het Children's Hospital in Philadelphia kiest ervoor om voedingsmiddelen met een lage kans op EoE in één keer gezamenlijk te herintroduceren, zoals aardappel, rijst, kip, vlees, groente en fruit (Papadopoulou 2014). Na vier weken volgt een nieuwe biopsie.

In Nederland wordt een vergelijkbare behandelwijze gevolgd, al is het gebruikelijk om één voor één met de introductie van de meest voorkomende allergenen als melk, tarwe, soja, kippenei, vis, schaaldieren en noten te starten. Hierbij wordt als uitgangspunt genomen dat een voedingsmiddel in een week opgebouwd wordt tot de hoeveelheid die past bij de leeftijd van het kind. Er moet namelijk voldoende contact tussen het allergeen en de slokdarm zijn geweest om een meetbaar effect bij endoscopie te zien. Wanneer er ook bewezen IgE-gemedieerde voedselallergieën zijn, blijven deze geëlimineerd uit de voeding.

Indien tijdens een controlescopie het aantal eosinofielen per HPF sterk gestegen is, moet men 8–12 weken wachten voordat de slokdarm voldoende hersteld is om weer een voedingsmiddel te kunnen provoceren (Dellon et al. 2013).

1.6.2.2   Gerichte eliminatie

Bij een IgE-gerelateerde voedselovergevoeligheid kunnen huidtesten en bloedtesten worden verricht om de voedingsmiddelen die klachten veroorzaken op te sporen. Behandeling op basis van de beschikbare allergietesten bij IgE-gemedieerde allergie zijn onvoldoende betrouwbaar om een eliminatie- en provocatiedieet op te baseren, maar de allergietesten kunnen wel helpen bij de keuze van het elimineren van bepaalde voedingsmiddelen (Papadopoulou 2014).

Een grote studie bij kinderen liet zien dat het gebruik van huidpriktesten als basis voor een eliminatiedieet niet betrouwbaar is. Slechts 50 % van de op de huid positieve allergenen bleek uiteindelijk een allergische reactie te geven. Bij volwassenen bleek dit percentage nog lager: 13 % (Spergel et al. 2012).

1.6.2.3   Empirisch eliminatiedieet

Een alternatieve benadering is de eliminatie van de meest voorkomende voedselallergenen (6FED). Dit dieet, ontwikkeld door Kagalwalla et al. (2014), leidde tot een symptomatische en histologische verbetering bij 74 % van een pediatrisch cohort. De onderzoekers kwamen ook tot de conclusie dat - na herintroductie van deze voedingsmiddelen - melk, tarwe, eieren en soja de meest voorkomende triggers van EoE waren. Dit empirisch bewezen eliminatiedieet is momenteel een veelgebruikte benadering van EoE bij grotere kinderen en volwassen patiënten. Dit dieet kent twee varianten:

- 6FED ofwel 'six-food' eliminatiedieet, waarbij zes potentiële allergenen worden geëlimineerd: melk, ei, soja, tarwe, pinda/noten en vis/schaaldieren;
- 2FED, waarbij twee allergenen worden geëlimineerd: tarwe en melk.

Nadat allergenen uit de voeding zijn verwijderd, volgt een controlescopie. Indien de eosinofielen < 15 per HPF zijn, kan de herintroductie starten. De beslissing welk voedsel eerst wordt toegevoegd, wordt in overleg met de patiënt genomen. Omdat patiënten meestal op meer dan één type voedsel reageren, wordt het proces voortgezet tot een aanvaardbaar dieet wordt bereikt. Patiënten die eerder zijn behandeld met een elementaire voeding, ondergaan een aanzienlijk langer herintroductieproces. Zodra de voedseltriggers zijn geïdentificeerd, wordt patiënten geadviseerd om deze voedingsmiddelen volledig te elimineren uit hun dieet.

Inmiddels is gebleken dat melk en tarwe, gevolgd door ei en soja de grootste verdachte allergenen zijn bij EoE. In Nederland wordt EoE in 60 % van de gevallen veroorzaakt door een koemelkeiwitallergie. In de Verenigde Staten komt ook meer overgevoeligheid voor tarwe en maïs voor. Vis, schelp- en schaaldieren, pinda's en noten lijken een kleinere rol te spelen. Hierbij moet er wel rekening gehouden worden met het feit dat er in verschillende landen verschillende triggers kunnen zijn. Tussen de verschillende landen in Europa bestaan ook aanzienlijke onderlinge verschillen. Dit vraagt om verschillende diëten. De keuze voor het uiteindelijke dieet is deels 'best practice-based', omdat er nog geen goede biomarker is om het dieet op te baseren en de anamnese onvoldoende betrouwbaar is.

Aanbeveling
Start bij alle kinderen met EoE met dieettherapie. Het elementaire dieet is een optie wanneer kinderen meerdere allergieën hebben (Papadopoulou 2014). Indien er geen aanwijzingen zijn voor sensibilisatie kiest men voor empirische eliminatie van 2–6 FED.

1.7   Voorwaarden voor dieettherapieën

Alledrie de dieettherapieën voor EoE hebben voor- en nadelen. De voedingskundige aanpak vereist zeer gemotiveerde patiënten (en gemotiveerde ouders, artsen en diëtist) die bereid zijn om de tijd te investeren en geld te besteden aan allergeenvrij voedsel. Aanpassing van de leefstijl is een vereiste, vooral tijdens reizen en bij uit eten gaan. Het is belangrijk te beseffen dat het niet alleen een belasting is voor de patiënt, maar ook voor zijn familieleden. Wellicht moeten ook zij hun

eetgewoonten wijzigen om de maaltijdbereiding te vergemakkelijken en kruis-
besmetting te vermijden. Beschikbare (financiële) middelen zijn een belangrijke
overweging bij de keuze voor voedingstherapie. Begeleiding door een diëtist met
betrekking tot voedselallergenen, voedingsadviezen en het voorkomen van tekorten aan voedingsstoffen is van groot belang voor het slagen van de behandeling.
(Voor meer informatie zie het hoofdstuk over voedselovergevoeligheid).

1.8   Herintroductie

Welke aanpak er ook gekozen wordt, nadat de allergenen uit de voeding zijn verwijderd, volgt een controlescopie. Indien de eosinofielen < 15 per HPF zijn, kan
de herintroductie van voedsel starten. Omdat patiënten meestal op meer dan één
type voedsel reageren, wordt het proces voortgezet tot een aanvaardbaar dieet
wordt bereikt.

Zodra de uitlokkende allergenen in de voeding zijn geïdentificeerd, wordt
patiënten geadviseerd om deze allergenen/voedingsmiddelen volledig te elimineren uit hun dieet. Het is mogelijk om een periode zonder eliminatie en provocatie
in te lassen en alleen met medicatie te behandelen. In de praktijk gebeurt dit regelmatig bij adolescenten die een periode van time-out willen.

De gouden standaard is om na elke provocatie een endoscopie met biopsie uit
te voeren. Deze benadering is echter zowel tijdrovend als kostbaar en bovendien
belastend voor de patiënt. Een scopie is in dit geval echter het enige goede contro-
lemiddel (Dellon et al. 2013; Papadopoulou 2014).

Introductie op basis van alleen een voedingsanamnese en klachten is, zoals eerder genoemd, niet mogelijk. De mate van klachten bleek slecht te correleren met
de mate van ontsteking. Elke introductie dient met endoscopie en biopt gecontroleerd worden.

1.9   Rol van de diëtist

De diëtist heeft een belangrijke rol bij het initiëren en begeleiden van het eliminatiedieet. De keuze voor een behandeling met een volledig elementaire voeding of
een eliminatie-/provocatiedieet vindt plaats na overleg met de patiënt en de arts.

Omdat de dieetbehandeling bij EoE overeenkomsten heeft met de dieetbehandeling bij voedselovergevoeligheid is het aanbevolen om het dieet onder begeleiding te doen van een diëtist die bekend is met voedselovergevoeligheid en bij
voorkeur ook met EoE.

Het is belangrijk te begrijpen dat het niet alleen een belasting is voor de patiënt,
maar ook voor de familieleden. In veel van de eliminatiediëten vallen belangrijke
dagelijks aanbevolen voedselbronnen, zoals melk en tarwe, weg. Hiervoor moet
de diëtist in overleg met de patiënt volwaardige alternatieven vinden, die passen

bij de eetgewoonten van de patiënt. Door een volwaardige voeding wordt een adequate groei bij kinderen gewaarborgd en worden voedingstekorten bij kinderen en volwassenen voorkomen.

Een diëtist geeft aan wat de patiënt niet mag eten, maar misschien nog wel belangrijker, wat de patiënt wél mag eten. Op deze manier is het dieet beter vol te houden en wordt de compliance verhoogd.

De diëtist draagt zorg voor een volwaardige voeding tijdens de eliminatie, maar ook voor alternatieve voedingsmiddelen en voedingsstoffen als de klachtenveroorzaker van de EoE is gevonden.

De diëtist moet erop toezien dat er geen fouten worden gemaakt tijdens het elimineren. En als er fouten gemaakt worden, is het de taak van de diëtist om dit te signaleren en hier de benodigde consequenties aan te verbinden. Een consequentie zou kunnen zijn dat indien er een structurele fout of een fout vlak voor scopie gemaakt wordt, de scopie uitgesteld wordt. Dit omdat je anders niet weet wat je meet met de biopten van de scopie: het te testen voedingsmiddel of de dieetfout? Er zijn geen richtlijnen wat betreft de hoeveelheid van het voedingsmiddel en de 'timing' voor de scopie in relatie tot de schade aan de slokdarm. De diëtist wijst de patiënt op het goed vermijden van allergenen en het lezen van de etiketten van voedingsmiddelen. Dieetfouten tijdens de eliminatiefase kunnen grote invloed hebben op de interpretatie van de biopsieuitslagen. Ten slotte behoort ook voorlichting over de eliminaties tot de taken van de diëtist.

Om eenduidig handelen van de diëtist in Nederland te beschrijven volgt hieronder toelichting op wat er bedoeld wordt met elimineren van melk, tarwe en soja.

1.9.1   Koemelkeiwitvrij dieet

Bij koemelkeiwitvrij betreft het de eliminatie van melk van *alle* zoogdieren. De voeding wordt aangevuld met calcium uit tabletten of met andere (calciumverrijkte) voedingsmiddelen. Voedingsmiddelen waarbij op het etiket melkvet, melkeiwit, melkbestanddelen, caseïnaat, gehydrolyseerd melkeiwit, lactose, caseine-eiwit of wei-eiwit staat vermeld, mogen niet gebruikt worden.

Melkzuur is lactaat. Dit is een metabool omzettingsproduct van suiker. Een product met melkzuur mag wél worden gebruikt in het koemelkeiwitvrij dieet.

De melk in de voeding kan tijdelijk vervangen worden door rijstemelk, havermelk of kokosmelk. Deze soorten melk zijn vaak verrijkt met vitamine B2 en calcium. Amandel- en notenmelk kunnen niet gebruikt worden als de noten nog niet bij patiënt zijn getest. Als alternatief kan worden gekozen voor aanvullende elementaire voeding met een smaakje.

Sojamelk als vervanger is afhankelijk van de uitslag van de allergietesten: hoe groot is de kans op allergie op soja? Soja kan ook niet worden gebruikt als het in het kader van het 6FED-dieet nog getest moet worden. Het is onbekend of bij gebruik van sojamelk als vervanging van koemelk de kans op EoE is verhoogd.

Ook verhitte producten als 'baked milk' zijn niet toegestaan tijdens het koemelkeiwitvrije eliminatiedieet.

1.9.2 Tarwe

Wat er precies tot tarwe wordt gerekend is niet uniform gedefinieerd: elke studie gebruikt andere termen. Ook zijn niet alle productielijnen over de wereld hetzelfde. In de literatuur worden de termen 'tarwevrij' dan wel 'glutenvrij' gebruikt. Glutenvrij zou ook het glutenvrij gemaakt tarwezetmeel kunnen zijn. Tarwe bestaat voor 80 % uit gluten, maar onbekend is of de overige 20 % invloed heeft op het ontstaan van EoE. Vanwege het ingrijpende karakter van een endoscopie met biopsie wordt vooralsnog geadviseerd tijdens de eliminatie- en provocatiefase te kiezen voor het tarwevrije dieet, totdat er meer specifiek onderzoek naar de Nederlandse productielijnen van tarwe is gepubliceerd (Kliewer et al. 2016).

Haver is in principe tarwevrij, maar door de manier waarop haver verwerkt wordt, is de kans groot dat het toch een kleine hoeveelheid tarwe bevat. Er zijn echter steeds meer schone verwerkingslijnen en daarmee komt steeds meer 'schone' haver op de markt. Dat mag wel in het tarwevrije dieet worden gebruikt.

Glucosestroop, dextrose en malodextrine worden soms gemaakt van tarwe. Door de manier waarop deze ingrediënten gemaakt worden, zit er echter geen spoortje tarwe in. Daarom zijn ze wel toegestaan in het tarwevrije dieet.

1.9.2.1 Tarwevrij dieet

Tijdens de eliminatie van tarwe kan geen tarwe, rogge, gerst, spelt, griesmeel, gries, gort, bulgar, couscous, eenkoorn, emmertarwe en kamut worden gebruikt, plus alle producten die hiervan zijn gemaakt. Dit geldt ook voor alle glutenbevattende grassen.

Uit andere plantenfamilies kan wel gierst, sorgo (sorghum), haver, havermout, teff, rijst, boekweit, maïs, kikkererwtenmeel, aardappelmeel, quinoa en amarant worden gebruikt om een gevarieerde voeding samen te stellen. Deze zijn tevens glutenvrij. Op het glutenvrije logo afgaan wordt niet geadviseerd, omdat deze producten het glutenvrij gemaakte tarwezetmeel kunnen bevatten.

Verder kan de diëtist praktisch adviseren met betrekking tot tarwevrije bindmiddelen. Denk aan arrowroot, agar-agar, tapioca, lijnzaad, chiazaad, psylliumvezel, pastinaak, zoete aardappel, maïzena, rijstzetmeel, xanthaangom, guargom, johannesbroodpitmeel en sago.

1.9.2.2 Sojavrij

Bij de eliminatie van soja wordt alle soja uit de voeding weggelaten, alleen voor sojalecithine en sojaolie wordt een uitzondering gemaakt. Sojalecithine en sojaolie zijn een zo zuiver gemaakt vetonderdeel van de sojaboon (vrij van aminozuren), dat bij gebruik ervan geen allergische reacties zijn beschreven. Soja wordt meer als hulpstof dan als voedingsmiddel toegepast en zit verwerkt in zeer veel producten in onze westerse maatschappij. Bij gebruik moet soja op de verpakking vermeld staan.

De praktische uitvoering van het dieet komt overeen met de behandeling van voedselovergevoeligheid. Meer informatie hierover is te vinden in het desbetreffende hoofdstuk.

1.9.3 Duur van het dieet

De duur van een eliminatiedieet is afhankelijk van de gekozen aanpak van elimineren en herintroduceren. Na deze periode volgt het definitieve dieet, dat vrij is van de gevonden klachtenveroorzakers. Omdat nog niet bekend is wat de langetermijneffecten en -resultaten van het eliminatiedieet zijn, is dit definitieve dieet vooralsnog levenslang.

1.10 Besluit

Er blijven nog diverse onduidelijkheden over de dieetbegeleiding bij eosinofiele oesofagitis, zoals de duur en striktheid van eliminatie, de noodzaak tot eliminatie van verwante voedingsmiddelen en het belang van hoogverhitte allergenen. De discussie of glutenvrij ook vrij van tarwezetmeel betekent, is nog gaande.

In Nederland bestaat nog geen eenduidige aanpak van eosinofiele oesofagitis. Het ziektebeeld wordt meer en meer herkend en behandeld in Nederland. Dat er een functie voor de diëtist is weggelegd is wel duidelijk. De komende tijd zal er echter nog veel veranderen in de benadering en behandeling van EoE. Het doel blijft te komen tot een eenduidige manier van handelen door de diëtist. Hopelijk heeft dit hoofdstuk daaraan een bijdrage geleverd.

Literatuur

Arias, A., et al. (2014). Efficacy of dietary interventions for inducing histologic remission in patients with eosinophilic esophagitis: A systematic review and meta-analysis. *Gastroenterology, 146*, 1639e48.

Dellon, E. S. (2012). Eosinophilic esophagitis:diagnostics est and criteria. *Current Opinion in Gastroenterology, 28*, 382–388.

Dellon, E. S., et al. (2013). ACG clinical guideline: Evidenced based approach to the diagnosis and management of esophageal eosinophilia and eosinophilic esophagitis (EoE). *American Journal Gastroenterology, 108*, 679e92.

Dellon, E. S., et al. (2014). Advances in clinical management of eosinophilic esophagitis. *Gastroenterolgy, 147*, 1238–1254.

Kagalwalla, et al. (2014). Elimination diets in the management of eosinophilic esophagitis. *Journal of Asthma and Allergy, 7*, 85–94. doi:10.2147/JAA.S47243 PMCID: PMC4043711.

Kliewer, K. L., Spergel, J. M., & Rothenberg, M. E. J. (2016). Should wheat, barley, rye, and/or gluten be avoided in a 6-food elimination diet? *Journal of Allergy and Clinical Immunology, 137*(4), 1011–1014. doi:10.1016/j.jaci.2015.10.040.

Lucendo, A., & Sanchez-Cazalilla, M. (2012). Adult versus pediatric eosinophilic esophagitis: Important differences and similarities for the clinician to understand. *Expert Review of Clinical Immunology, 8*(8), 733–745.

Papadopoulou, A. (2014). Management guidelines of eosinophilic esophagitis in childhood. ESPGHAN and NASPGAN. *Journal of Pediatric Gastroenterology and Nutrition, 58,* 107–118.

Rhijn, B. D. van, & Bredenoord, A. J. (2011). Voedselallergie bij eosinofiele oesofagitis. *NederlandsTijdschrift voor Diëtisten, 4,* 123–130.

Rhijn, B. D. van, Smout, A. J. P. M., & Bredenoord, A. J. (2012). Eosinofiele oesofagitis. *Nederlands Tijdschrift Geneeskunde, 156,* A4716.

Rhijn, B. D. van, Verheij, J., Smout, A. J., & Bredenoord, A. J. (2013). Rapidly increasing incidence of eosinophilic esophagitis in a large cohort. *Neurogastroenterol Motil, 25*(1), 47–52. e5. doi:10.1111/nmo.12009. Epub 2012 Sep 10.

Rhijn, B. D. van, Weijenborg, P. W., Verheij, J., Bergh Weerman, M. A. van den, Verseijden, C., Wijngaard, R. M. J. G. J. van den, et al. (2014). Proton pump inhibitors partially restore mucosal integrity in patients with proton pump inhibitor–responsive esophageal eosinophilia but not eosinophilic esophagitis. *Clinical Gastroenterology and Hepatology, 12*(11), 1815–1823.e2. doi:10.1016/j.cgh.2014.02.037.

Rothenberg, M. E. (2009). Biology and treatment of eosinophilic esophagitis. *Gastroenterology, 137,* 1238e49.

Spergel, J. M., Brown-Whitehorn, T. F., Cianferoni, A., et al. (2012). Identification of causative foods in children with eosinophilic esophagitis treated with an elimation diet. *Journal of Allergy and Clinical Immunology, 130*(2), 461–467.

Interessante websites

https://nl.wikipedia.org/wiki/Eosinofiele_oesofagitis
http://mijnkinderarts.nl/ziekten/maag-darmziekten/eosinofiele-oesofagitis-bij-kinderen/
http://www.mlds.nl/ziekten/165/eosinofiele-oesofagitis/
http://www.eosinophilicesophagitishome.org/.

Hoofdstuk 2
Gepersonaliseerde voeding en zelfmonitoring

April 2017

M. Former, A. Ronteltap en B.D.S. Clabbers

Samenvatting In de nieuwe definitie voor gezondheid wordt gezondheid niet meer als een statische conditie beschouwd, maar als het dynamische vermogen van mensen om zich met veerkracht aan veranderende omstandigheden aan te passen. Hierin past het zelf regie voeren en zelfmanagement. Met behulp van gezondheidstools zijn lichaamsfuncties, zoals bloeddruk, hartslag, bloedglucosespiegel, zuurstofsaturatie, cognitieve prestaties en welbevinden, te meten. Ook zijn er apps op mobiele telefoons die helpen de voedselinname te monitoren of de nutriënten in het lichaam meten. Gepersonaliseerde voeding en leefstijladviezen sluiten hierbij aan. Voor bedrijven biedt dit de mogelijkheid om op het individu afgestemde producten en diensten te ontwikkelen. Diëtisten (en andere professionals) kunnen met behulp van innovaties op het gebied van zelfmonitoring persoonlijke gegevens verzamelen om de behandeling op de individuele cliënt af te stemmen. Gepersonaliseerde interventies zijn mogelijk effectiever en kunnen de compliance verhogen.

2.1 Wat is gezondheid?

Met de oprichting van de Wereldgezondheidsorganisatie (WHO) in 1948 werd gezondheid gedefinieerd als:

een toestand van compleet welbevinden op fysiek, mentaal en sociaal niveau, en niet alleen de afwezigheid van ziekte.

M. Former (✉)
Informatorium voor Voeding & Diëtetiek, Almere, The Netherlands

A. Ronteltap
Lectoraat Crossmediale Communicatie in het Publieke Domein (PubLab), Hogeschool Utrecht, Utrecht, The Netherlands

B.D.S. Clabbers
Personalized Nutrition & Health, TNO, Zeist, The Netherlands

Deze brede en idealistische definitie was bedoeld om te streven naar het geluk en het welzijn van de gehele wereldbevolking. Dit was voor de mensheid een belangrijke stap voorwaarts.

Met de toename van chronische ziekten, in combinatie met de voortgaande ontwikkeling van medische technologie en diagnostiek, werd deze definitie echter contraproductief. Door de statische formulering van gezondheid als 'toestand' is vrijwel iedereen een patiënt die doorlopend behandeling behoeft. Ook doet de definitie geen recht aan de veerkracht van mensen en hun vermogen om zich aan te passen aan nieuwe situaties met behulp van zelfmanagement (Huber en Jung 2015).

Inmiddels zijn we bijna zeventig jaar verder en is de gezondheidsdefinitie van de WHO nog altijd ongewijzigd. Vanaf het begin was er kritiek op deze definitie, en die kritiek neemt de laatste jaren toe. De levensverwachting is toegenomen, maar dat gaat gepaard met een toename van chronische ziekten. In die omstandigheid werkt het streven naar een toestand van compleet welbevinden medicaliserend. Het is ook de vraag of de patiënt met dit WHO-ideaal van gezondheid gediend is. Bij een ongunstige diagnose of chronische problematiek hebben mensen in veel gevallen het vermogen om zich, na een fase van schrik of psychische shock, toch aan te passen aan de situatie en een manier te vinden om met het vooruitzicht op bijvoorbeeld een beperking om te gaan. Daarmee is 'gezondheid' geen statisch gegeven, maar eerder een dynamisch ingevuld begrip.

In 2009 besloten de Gezondheidsraad en ZonMw om de discussie over de definitie van gezondheid expliciet aan de orde te stellen. Voor het beleid in de zorg is het van belang hoe gezondheid gedefinieerd is; beleid wordt immers op basis hiervan geformuleerd en geëvalueerd.

2.1.1 Positieve gezondheid

Onderzoekers Huber en Van Vliet hebben een nieuw concept voor gezondheid ontwikkeld:

> Gezondheid als het vermogen zich aan te passen en een eigen regie te voeren, in het licht van de fysieke, emotionele en sociale uitdagingen van het leven. (Huber et al. 2011)

De term 'Positieve gezondheid' is afgeleid van dit nieuwe gezondheidsconcept en staat voor een brede kijk op gezondheid en welbevinden. Hierin wordt gezondheid niet langer als een statische conditie beschouwd, maar als het dynamische vermogen van mensen om zich met veerkracht aan veranderende omstandigheden aan te passen en zelf de regie te voeren over hun welbevinden. Dit vermogen wordt door cliënten heel relevant gevonden, blijkt uit onderzoek van Huber en Van Vliet.

Met steun van ZonMw werd het draagvlak voor het concept getoetst en werd het concept nader uitgewerkt om het meetbaar te maken. Hiervoor werd kwalitatief en kwantitatief onderzoek gedaan waarbij zeven verschillende groepen belanghebbenden met een relatie tot de zorg bevraagd werden:

- behandelaars (artsen, fysiotherapeuten en verpleegkundigen);
- patiënten;
- burgers;
- beleidsmakers;
- verzekeraars;
- 'public health actors';
- onderzoekers.

Van het gehele onderzoek is een Nederlandstalig rapport verschenen; een wetenschappelijk artikel hierover is in *BMJ Open* verschenen (Huber et al. 2011).

Het spinnenweb voor Positieve gezondheid bestaat uit zes dimensies (fig. 2.1) (Huber en Jung 2015):

- lichaamsfuncties;
- mentaal welbevinden;
- de spiritueel-existentiële dimensie;
- kwaliteit van leven;
- sociaal-maatschappelijk participeren;
- dagelijks functioneren.

2.2   De rol van voeding in het nieuwe begrip van gezondheid

Preventie, en daarmee ook voeding, staat volop in de aandacht door de stijgende kosten van de gezondheidszorg en de noodzaak daar iets aan te doen. Voordat bijvoorbeeld iemand echt met diabetes wordt gediagnosticeerd, is er een lange periode aan voorafgegaan waarin signalen op het groeiende risico wezen. Door een intensieve begeleiding kan in een aantal gevallen de ontwikkeling van de ziekte worden gestuit. Dat vraagt wel een andere leefstijl, waarin voeding een belangrijke plaats inneemt (Reichart 2016).

Als we de nieuwe definitie van gezondheid hanteren, verschilt het per persoon welke aanpassingen in leefstijl precies nodig zijn. Dat is dus een andere insteek dan het adviseren van de algemene richtlijnen goede voeding, die zijn ontwikkeld op basis van traditioneel onderzoek, waardoor ze voor grote groepen kloppen, maar voor individuen óf niet helemaal gelden óf niet haalbaar zijn.

Voor het opstellen van een optimaal passend advies is het belangrijk te kijken naar het profiel van het individu. Alleen dan kun je zien waar verbetering het hardst nodig is en op welke manier dat het best zal lukken. Deze gedachte, die voortbouwt op het nieuwe en dynamische begrip van gezondheid, staat aan de basis van *personalised nutrition*, oftewel 'voeding op maat'. *Personalised nutrition* heeft als doel het zo goed mogelijk op het individu afstemmen van de

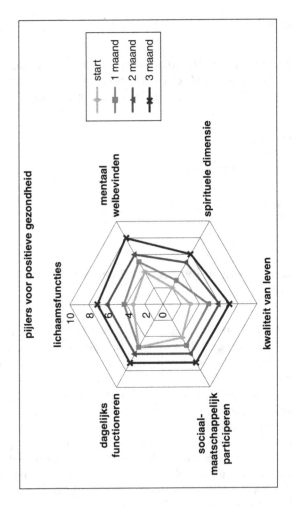

Figuur 2.1 Voorbeeld van een scoringsinstrument voor Positieve gezondheid

dagelijkse voeding. Het uitgangspunt is dat ieder individu is geholpen bij objectieve informatie over de beste voeding die past bij zijn fysiologische, mentale en sociale wensen en behoeften. Het denken over *personalised nutrition* heeft een ontwikkeling doorgemaakt, die we hierna aanduiden met '*personalised nutrition 1.0*' en '*personalised nutrition 2.0*'.

2.2.1 Personalised nutrition 1.0 – DNA

Na het publiceren van het menselijk genoom in 2001 (Human Genome Project) en de verbinding van genomics met voedingswetenschap ontstond het optimistische beeld dat elke burger binnen een paar jaar een gepersonaliseerd voedingsadvies zou kunnen krijgen met de aanbevolen dagelijkse hoeveelheden op het individu afgestemd. Op basis van het genetisch profiel zou voeding eenvoudig zijn aan te passen aan de fysieke toestand, zodat bijvoorbeeld tekorten aan nutriënten niet meer zouden voorkomen. Zie hier de eerste invulling van voeding op maat: *personalised nutrition 1.0*.

Het idee van diagnostische DNA-tests om voedingsinname aan te passen dateert al van lang daarvoor. DNA-tests werden al gangbaar ingezet om te testen op erfelijke afwijkingen, zoals fenylketonurie (PKU). PKU is een ongeneeslijke, erfelijke stofwisselingsziekte die wordt veroorzaakt doordat de lever het aminozuur fenylalanine niet of niet voldoende verwerkt. Het aminozuur hoopt zich daardoor op in het bloed en belemmert zo de groei en ontwikkeling van de hersenen (het zenuwstelsel). Alle baby's in Nederland worden binnen acht dagen na de geboorte met de hielprik gecontroleerd op PKU/HPA (HPA ofwel hyperfenylanine is een lichtere vorm van PKU). Als bij de baby PKU wordt geconstateerd, wordt meteen met de behandeling gestart. Die bestaat uit een levenslang fenylalanine-arm dieet.

2.2.1.1 Nutrigenomics

De wetenschap achter de relatie tussen de genen en voeding wordt nutrigenomics genoemd. Nutrigenomics heeft tot doel meer inzicht te bieden in hoe voeding fundamentele moleculaire processen in mensen beïnvloedt. Nutrigenomics kan daarnaast ook ten grondslag liggen aan een persoonlijk voedingsadvies met het doel om consumenten te helpen bij het maken van betere keuzes uit het bestaande voedselaanbod (Ronteltap et al. 2009).

Er bestaat weinig discussie over het feit dat nutrigenomics bijdraagt aan het begrip van de relatie tussen dieet en gezondheid, maar dat is zeker niet het geval bij deze potentiële toepassingen in het consumentendomein, zoals persoonlijke voeding. Het is maar de vraag of de complexe relatie tussen het genoom en voeding en gezondheid ooit helemaal vertaald kan worden in effectieve aanbevelingen, of consumenten wel voeding op maat nodig hebben, of de voedingsindustrie dit kan produceren en of stakeholders bereid zijn om samen te werken.

2.2.1.2 Genenpaspoort

Er zijn bedrijven die voedingsadvies aanbieden, gebaseerd op het DNA-profiel dat is verkregen na het opsturen van wat speeksel. De kosten daarvan zijn een paar honderd euro. Veel genen zijn gekoppeld aan ziekten, waardoor een inschatting gemaakt kan worden of iemand een verhoogd risico heeft op een bepaalde ziekte. Het blijft echter een risicovoorspelling. Het genenpaspoort geeft soms onzekere uitkomsten. Bij diabetes mellitus bijvoorbeeld zijn gewicht, leeftijd, leefstijl en familieanamnese betere voorspellers. Genen bepalen vaak slechts een deel van het risico (Sprundel 2016).

In het genenpaspoort kan ook de gevoeligheid voor bepaalde medicijnen worden weergegeven. Nu krijgen alle patiënten dezelfde medicatie voorgeschreven, maar aan de hand van een genenpaspoort is vooraf te bepalen of iemand al dan niet op een bepaald medicijn zal reageren. Dit wordt al toegepast bij borstkankerpatiënten die behandeld worden op basis van het genetische profiel van hun tumor.

Voorstanders van het genenpaspoort beweren dat het rechtstreeks verstrekken van deze informatie aan de consument kan leiden tot een betere gezondheid en leefstijlkeuzes. Sceptici beweren dat dergelijke tests schade kunnen berokkenen, zoals angst en een toename van onnodige en dure screening die tot meer medische handelingen leidt.

Momenteel zijn er diverse commerciële bedrijven die voedingsadviezen geven op basis van DNA-profielen. Habit bestaat sinds 2015 en ontwikkelt een digitaal platform dat voedingsadvies geeft op basis van een combinatie van fenotypische informatie, DNA en een speciaal ontwikkeld algoritme. De technologische kennis komt van het Nederlandse TNO, waar Habit een exclusieve samenwerking mee afsloot. Daarnaast biedt het Amerikaanse bedrijf DNAfit een DNA-test aan die inzicht wil geven in fitness en voeding en genomics. Volgens prof. dr. ir. Sander Kersten van Wageningen University is de relatie tussen DNA en voeding en gezondheid echter moeilijker aan te tonen dan deze diensten willen doen lijken. De ontwikkelaars van (digitale) op maat gemaakte voedingsdiensten beloven volgens hem meer dan ze kunnen waarmaken (Jacobsin 2016).

De voedingswetenschap achter het genenpaspoort is vaak nog controversieel, omdat veel van de kennis is gebaseerd op epidemiologisch onderzoek. Dat maakt het lastig om harde uitspraken te doen over de daadwerkelijke effecten van voeding op een individu. Voedingsadviezen zijn vooral nuttig voor mensen bij wie aandoeningen zich al manifesteerden. Zij kunnen baat hebben bij een aangepast dieet en de effecten zijn vaak goed te objectiveren. Iemand met familiaire hypercholesterolemie heeft bijvoorbeeld een genmutatie, waardoor het bloedcholesterolgehalte hoger is en daarmee de kans op een hartinfarct. Het advies is in dat geval om weinig verzadigd (dierlijk) vet, transvetzuren en cholesterol te eten. Of mensen die lactose-intolerant zijn door een mutatie. Het eten van lactose leidt bij hen tot darmklachten, en het vermijden van melkproducten met lactose is dan de oplossing. De meerderheid van de mensen heeft echter niet zo'n duidelijk afwijkend genetisch profiel. Wel bestaat er een grote genetische variatie tussen mensen: kleine individuele verschillen in DNA, die een minder duidelijke relatie hebben met gezondheidsuitkomsten (Sprundel 2016).

2.2.1.3 Acceptatie

Aan de Wageningen Universiteit is onderzoek gedaan specifiek naar de publieke acceptatie van op nutrigenomics gebaseerde voeding op maat. Dit onderzoek laat zien dat het voor consumenten cruciaal is dat zij zelf de vrijheid hebben om te kiezen of zij hun genetisch profiel laten vastleggen. Daarnaast zal de publieke acceptatie positief beïnvloed worden als de op nutrigenomics gebaseerde voeding op maat een duidelijk herkenbaar voordeel biedt aan de consument, en als het gemakkelijk is in te passen in de dagelijkse routine.

Communicatie over nutrigenomics en voeding op maat behoort eenduidig te zijn: verschillende experts op het gebied dienen het met elkaar eens te zijn over het nut van nutrigenomics. De belangrijkste afweging die hieraan ten grondslag ligt bij consumenten, is de afweging tussen de kosten en baten van persoonlijke voeding (Ronteltap et al. 2009).

2.2.2 Personalised nutrition 2.0 – Quantified self

In de loop van de tijd en met de opkomst van de technologische mogelijkheden op het gebied van e-health veranderden ook de opvattingen rondom *personalised nutrition*. We kunnen dit *personalised nutrition* 2.0 noemen. Zowel het vaststellen van het individuele profiel van mensen als het proces van advisering dat daarop volgt, is vele malen dynamischer en interactiever geworden dankzij allerlei moderne tools. Consumenten willen in toenemende mate weten en begrijpen hoe hun voeding en leefstijl in het algemeen bijdragen aan hun doelen en gezondheid. Dat blijkt uit de groeiende vraag naar en ontwikkeling van nieuwe consumententechnologieën om gezond te blijven of te worden.

Tot nu toe lag de nadruk sterk op afvallen en voldoende bewegen, maar het gebruik wordt breder. Dankzij mobiel internet is informatie overal beschikbaar en overal te delen. In apps kunnen voedselconsumptiedata gemakkelijker dan ooit geregistreerd worden. Via sociale media is het mogelijk om kennis en ervaringen te delen. Met health tools, bijvoorbeeld wearables zoals armbanden of oordoppen met sensoren, meten consumenten zelf hoeveel stappen ze zetten, of ze goed slapen, hoeveel calorieën ze verbruiken, wat hun hartslag is en hoe hoog hun stressniveau is. Ze leggen hun conditie vast in exacte cijfers: 'the quantified self' (Reichart 2016). Veel gezondheidseffecten komen echter pas op de lange termijn tot uiting en zijn niet gemakkelijk herkenbaar. Voor effectief voedingsadvies op maat is een aantoonbaar effect op de korte termijn dus van belang, bijvoorbeeld door te werken met biomarkers, zoals cholesterol, of welzijn.

2.2.2.1 Project Personalised Nutrition and Health

In Nederland loopt momenteel het project *'Personalised Nutrition and Health'*, dat gesteund wordt door de Topsector Agri&Food en waaraan naast TNO ook Wageningen Universiteit en bedrijven meedoen. Dit project kan leiden tot een betere keuze in gezonde voeding die begint met de consumptie van de producten die aansluiten bij de behoeften en de leefstijl van de consument. De consument houdt bij wat hij op een dag eet en drinkt, en brengt zijn lichamelijke conditie en welbevinden in kaart met health tools en apps. Die gegevens worden verwerkt en gevoegd bij andere relevante data voor nieuwe wetenschappelijke inzichten (big data en modellering).

In de volgende stap kiest de consument hoe en op welk moment hij weten-schappelijk gefundeerd advies krijgt over zijn dieet en leefstijl. Op basis van advies in de vorm die bij hem past, kan hij besluiten zijn leefstijl aan te passen. In de volgende stap van de cyclus koopt hij de voeding die bij zijn behoeften past. Eventueel zijn dat na advies en meetresultaten nog niet eerder herkende behoeften (fig. 2.2).

Het project combineert voedingswetenschap en gedragswetenschap, want voor een gezondere voedingskeuze is ander gedrag nodig. De consument stelt zelf vast of hij zich met of zonder bepaalde producten beter voelt of een betere conditie heeft. De consument weet waar hij het voor doet door de snelle feedback op zijn gedrag. Dit is in tegenstelling tot meer traditionele manieren om mensen te moti-veren, zoals het melden van een verminderde kans op een chronische ziekte in de verre toekomst.

2.2.2.2 Gezondheidstools (wearables)

Grote technologiebedrijven en vele kleine startups hebben gezondheidstools ont-wikkeld voor gebruik op of in combinatie met de smartphone of tablet. Denk aan eenvoudige toepassingen, zoals stappentellers en medische apps voor grootscha-lig wetenschappelijk onderzoek naar voeding en gezondheid (fig. 2.3). Met deze gezondheidstools zijn lichaamsfuncties, zoals bloeddruk, hartslag, bloedglucose-spiegel, zuurstofsaturatie, cognitieve prestaties en welbevinden te meten. Ook de voedselinname kan tegenwoordig gemakkelijker gemeten worden, bijvoorbeeld met apps die helpen de voedselinname te monitoren of door het meten van nutri-ënten in het lichaam (tab. 2.1). Ook omgevingsfactoren, zoals UV-licht en leefstijl-factoren als de hoeveelheid slaap, kunnen steeds eenvoudiger worden bijgehouden. Door dagelijkse of periodieke monitoring hebben consumenten de mogelijkheid

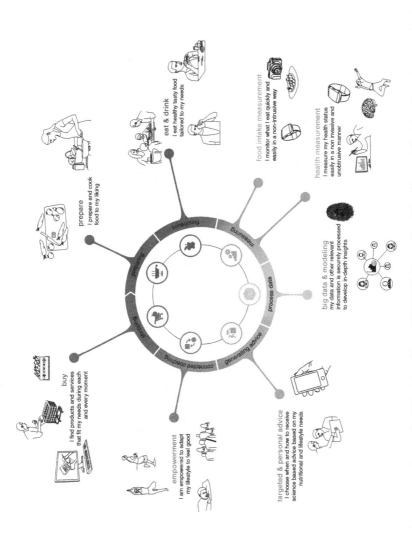

Figuur 2.2 Customer journey voor Personalised Nutrition. (Bron: TNO/WUR Personalised Nutrition and Health onderzoeksconsortium)

Figuur 2.3 Voorbeelden van 'wearables'

Tabel 2.1 Vier populaire apps om een eetdagboek bij te houden. Bron: ING Economisch bureau (2015)

app	scope	downloads (Google app store)
myfitnesspal	internationaal	>10 miljoen
fitbit	internationaal	>10 miljoen
mijn eetmeter (Voedingscentrum)	nationaal	>100.000
foodzy	nationaal	>100.000

om persoonlijke voedings- en leefstijleffecten in de gaten te houden en hun gedrag indien gewenst bij te sturen.

2.3   Implementatie, privacy en veiligheid

Personalisatie op het gebied van voeding biedt een groot potentieel voor zowel bedrijven als consumenten. Als het aanbod beter wordt afgestemd op specifieke behoeften in de vorm van voedingsinformatie, persoonlijk advies en aangepaste voedingsproducten, vergemakkelijkt dit consumenten in hun zoektocht naar de juiste producten. Voor bedrijven kan personalisatie helpen om zich te onderscheiden van concurrenten bij het opbouwen van relaties met klanten en bij het vergroten van de loyaliteit van klanten. Bedrijven zullen proberen de heterogeniteit van consumenten en hun voorkeuren te begrijpen en stemmen hun marketingaanbod (producten en diensten) daarop af. Indien advies over voeding op maat onderbouwd is met goed uitgevoerde voedingswetenschap en conform de richtlijnen goede voeding is, zal dit ook bijdragen aan de volksgezondheid.

2.3.1   Persoonlijk advies en privacy

De grootste kans voor voeding op maat ligt in het bieden van hulp aan consumenten bij het maken van de juiste keuze uit het bestaande aanbod. Voor een gedegen advies op maat dienen consumenten wel persoonlijke informatie over bijvoorbeeld hun gezondheid te delen met degene die het advies zal opstellen. Dit kan alleen als de privacy voor alle betrokkenen goed geregeld is. Een van de uitdagingen die nog te overwinnen zijn voordat voeding op maat kan worden toegepast, is het efficiënt kunnen benutten van gevoelige persoonlijke informatie. Gevoelige informatie, bijvoorbeeld genetische informatie, is nu niet toegankelijk voor bedrijven zonder dat consumenten hier expliciet toestemming voor geven.

Consumenten vragen zich af wat er gebeurt met de data die over hen worden verzameld. Er zijn bijvoorbeeld autoverzekeraars die via de TomTom het rijgedrag van verzekerden registreren. Mensen met een 'goed' rijgedrag krijgen korting op de premie van hun autoverzekering. Iets vergelijkbaars kan ook met gezondheidsgegevens gaan gebeuren. Wie een 'gezonde' leefstijl heeft, krijgt korting – maar wie bepaalt wat een gezonde leefstijl is? En krijg je een boete als je minder gezond leeft? Willen we wel dat de zorgverzekeraars over al deze privégegevens kunnen beschikken?

Eén op de drie Nederlanders registreert al activiteiten en gezondheidsdata met apps of wearables. Consumenten staan open om deze data te delen met hun zorgverzekeraar, werkgever of commerciële organisaties. Dit blijkt uit cijfers van de Smart Health Monitor, een marktonderzoek van Multiscope onder 6.000 Nederlanders in 2016. Bijna de helft van de Nederlanders is bereid om gezondheidsdata te delen met zorgverzekeraars als daar korting op de zorgpremie tegenover staat. Vooral in de groep van 18- tot 35-jarigen en Nederlanders met een laag inkomen is het draagvlak groot. Van die groepen is 59 respectievelijk 51 % bereid dergelijke data te delen (Multiscope 2016).

Drie op de tien consumenten zijn bereid om de gegevens over hun gezondheid te delen met de werkgever. Hier moet wel een beloning tegenover staan, zoals extra vrije dagen of een bonus. Als commerciële organisaties hun klanten korting bieden op hun dienst of product is 16 % bereid om gezondheidsdata te delen.

In alle gevallen is het heel belangrijk dat er vertrouwelijk en met zorg met de data wordt omgegaan. Bij commerciële organisaties zijn consumenten daar het minst gerust op. Ondanks de bereidheid van consumenten is het volgens de Wet bescherming persoonsgegevens voor werkgevers niet toegestaan om gezondheidsdata te verzamelen, zelfs niet als de werknemer toestemming geeft (Multiscope 2016).

Uit een onderzoek onder consumenten in acht Europese landen blijkt dat bij consumenten de intentie om met voeding op maat aan de slag te gaan meer afhangt van het persoonlijke voordeel dat het oplevert, dan van het risico op inbreuk op de privacy. Om succesvol voeding op maat te exploiteren zullen dienstverleners een duidelijke boodschap moeten overbrengen over het voordeel en de effecten ervan. Bovendien willen consumenten zelf controle houden over de informatie die zij geven. Verstrekkers van voeding op maat moeten ervoor zorgen dat consumenten hen ervaren als competent en betrouwbaar (Berezowska et al. 2015).

In een ander onderzoek over voedingsadvies gaven consumenten aan voorkeur te hebben voor de huisarts of andere zorgprofessionals als verstrekker van persoonlijk advies. Verder wilden zij een advies op basis van ingrediënten en productgroepen in plaats van specifieke merken en producten, en soms ook feedback. Daarnaast gaven consumenten de voorkeur aan oplossingen die zij gemakkelijk kunnen integreren in hun dagelijks leven met betrekking tot gebruiksgemak, nut, plezier en persoonlijke levenssfeer (Trijp en Ronteltap 2007). Dit pleit voor persoonlijke advisering mét behulp van een gezondheidsprofessional.

2.3.2   Productaanbod

Wat voeding op maat betekent voor het productaanbod is nog niet geheel duidelijk. Momenteel is de voedselvoorziening gebaseerd op grootschalige productie. Of het ontwikkelen van gespecialiseerde voedingsmiddelen voor bijzondere subgroepen (bijvoorbeeld op basis van genotype) haalbaar is, hangt af van de vraag en in het verlengde daarvan de prijs, distributie en marketing. Een andere optie zou zijn om ingrediënten toe te voegen in de laatste stap van de productieketen (of thuis) om het product passender te maken aan de voedingsbehoefte.

2.4   Rol van de diëtist

De kosten van de gezondheidszorg nemen enorm toe. Het percentage van het bruto binnenlands product (bbp) dat in Nederland in 2015 aan zorg werd uitgegeven bedraagt 10,8 %. De uitgaven aan zorg zijn de laatste jaren gestegen door vergrijzing, nieuwe technologieën en gespecialiseerde, dure medicijnen (Katen 2016). Deze kosten kunnen omlaag door betere preventie, wat meer gezonde levensjaren oplevert. Dit kan worden bereikt door gedragsverandering te stimuleren. De rol van de diëtist in de preventie is die van coach, terwijl in de curatieve zorg meer sprake is van een functie als behandelaar.

Voor de diëtist is het belangrijk om kennis te hebben van welke technologische mogelijkheden er zijn die ingepast kunnen worden in het dieet- en gezondheidsadvies. De diëtist kan met behulp van de gegevens die bekend zijn over de cliënt, al dan niet door metingen die hij bij zichzelf heeft gedaan, een individueel leefstijladvies opstellen. Het bijhouden van een voedingsdagboek zal door alle technologische ontwikkelingen vaker online en met de mobiel worden gedaan. Op basis van een mobiele activiteitenmeter kan een beweegadvies worden gegeven. Ook zullen dankzij technische ontwikkelingen onder meer de bloeddruk en het bloedglucose gemeten kunnen worden, wat past in het streven naar meer zelfmanagement.

Op besloten fora van bijvoorbeeld de app Myfittnesspal kunnen cliënten met elkaar in contact komen, elkaar stimuleren en ook de diëtist kan via deze weg cliënten begeleiden. Andere mogelijkheden op basis van nieuwe technologieën zullen naar alle waarschijnlijkheid snel volgen. Voor diëtisten is het belangrijk om met de advisering aan te sluiten bij de wensen en mogelijkheden van de cliënt. Daarin kan deze nieuwe technologie een plek krijgen. De zelfregulerende cliënt brengt ook bezinning op het aspect van behandelverantwoordelijkheid met zich mee.

Handvatten voor de diëtist

- Blijf het individu centraal stellen. Zijn/haar gedrag en wensen zijn de sleutel.
- Houd rekening met andere partijen rondom dat individu, zodat de adviezen geïntegreerd raken in het dagelijks leven.
- Neem de nieuwe definitie van gezondheid in acht: kijk niet naar verliezen ten opzichte van het ontbreken van aandoeningen, maar bekijk hoe een individu kan omgaan met de uitdagingen die hij/zij tegenkomt, geef de ervaren gezondheid een grotere rol.
- Maak gebruik van de mogelijkheden van zelfcontrole of zelfmeting, monitoren, feedback en zelfmanagement.

2.5 Tot besluit

Technologische innovaties, zoals wearables en apps, maken het in de toekomst steeds gemakkelijker om individuele gegevens te verzamelen over leefstijl en gezondheid. Met behulp van deze gegevens kunnen mensen beter inzicht krijgen in welk voedsel en welk gedrag goed voor hen is. Keuzehulpen die deze data gebruiken kunnen dan ook echt op maat adviezen leveren. Wat hierbij belangrijk is, is dat deze adviezen niet alleen naadloos aansluiten bij de lichamelijke behoeften van een individu, maar ook bij de rest van zijn of haar leven. Consumenten zullen steeds beter in staat zijn alleen die producten en diensten uit te kiezen die ook écht van waarde zijn. Aan het bedrijfsleven de uitdaging om producten en diensten te ontwikkelen die perfect aansluiten op de behoeften van deze mondige consument, en aan gezondheidsprofessionals om die producten en diensten optimaal te benutten om hun cliënten te ondersteunen bij het nastreven van positieve gezondheid.

Literatuur

Berezowska, A., et al. (2015). Consumer adoption of personalised nutrition services from the perspective of a risk–benefit trade-off. *Genes Nutrition, 10*(6). doi:10.1007/s12263-015-0478-y.

Huber, M., & Jung, H. P. (2015). Persoonsgerichte zorg is gebaat bij kennis van ziekte én van gezondheid. Een nieuwe invulling van gezondheid gebaseerd op de beleving van de patiënt: 'Postieve gezondheid'. *Bijblijven, 31,* 589–597.

Huber, M., Knottnerus, J. A., Green, L., Horst, H. van der, Jadad, A. J., Kromhout, D., et al. (2011). How should we define health? *BMJ, 343*(4163), 235–237.

Jacobsin, F. (2016). Kan Amerikaanse voedings-startup belofte waarmaken? *Trending,* 08 december 2016.

Katen, M. ten. (2016). Zo duur is de zorg in Nederland niet. Financieel Dagblad, Geraadpleegd op 22 augustus 2016, www.fd.nl.

Reichart, H. (2016). Gepersonaliseerde voeding en gezondheid. *Voedingsindustrie vakblad.*

Ronteltap, A., Trijp, J. C. M. van, & Renes, R. J. (2009). Consumer acceptance of nutrigenomics-based personalised nutrition. *British Journal of Nutrition, 101*, 132–144.
Smart Health Monitor. (2016). *Onderzoek naar gebruik van apps, wearables en meters.* Multiscope Marktonderzoek.
Sprundel, M. van. (2016). *DNA bepaalt menukaart.* Kennislink, http://www.kennislink.nl/publicaties/dna-bepaalt-menukaart. Geraadpleegd op 10 januari 2017.
Trijp, H. C. M. van, & Ronteltap, A. (2007). A marketing and consumer behavior perspective on personalized nutrition. *Personalized Nutrition: Principles and Applications.*

Hoofdstuk 3
Eetgedrag van ouderen: regulatie van voedselinname

April 2017

S.J.G.M. van der Staak en R.M.A.J. Ruijschop

Samenvatting Bij het ouder worden neemt de energiebehoefte af. De daling van de voedselinname is echter groter dan verklaard kan worden door een verminderde energiebehoefte. Hieraan ligt het verouderingsproces ten grondslag, waarbij fysiologische en psychologische veranderingen de regulatie van voedselinname verstoren. Zo vermindert in meerdere of mindere mate de zintuiglijke waarneming, waardoor ouderen minder geur en smaak ervaren. Daarnaast daalt de speekselproductie, neemt de kauw- en slikkracht af en zijn de tongbewegingen minder krachtig. Hierdoor geven ouderen vaak de voorkeur aan vloeibare of zachte voedingsmiddelen. Bovendien zorgen fysiologische veranderingen, zoals hormonale en musculaire veranderingen, ervoor dat ouderen eerder een verzadigd gevoel ervaren. Samen met sociale factoren vormen de lichamelijke factoren, de zintuiglijke waarneming en voedselvoorkeuren een geïntegreerd complex, waardoor een geïntegreerde aanpak noodzakelijk is om ondervoeding bij ouderen te voorkomen.

3.1 Inleiding

Het aantal ouderen in Nederland stijgt. In 1950 was 7,7 % van de bevolking ouder dan 65 jaar, in januari 2015 was dit percentage 17,8 en naar verwachting zal dit toenemen tot 26 % in 2040 (gegevens van het CBS). Hoewel 64 % van de mannen en 56 % van de vrouwen tussen 65 en 85 jaar een body mass index (BMI) heeft van 25 kg/m^2 of hoger (gegevens van het CBS), is ook een verhoogd risico op ondervoeding bij ouderen aanwezig. Het prevalentierisico van ondervoeding is in

S.J.G.M. van der Staak (✉) · R.M.A.J. Ruijschop
NIZO food research, Ede, The Netherlands

© Bohn Stafleu van Loghum, onderdeel van Springer Media B.V. 2017
M. Former et al. (Red.), *Informatorium voor Voeding en Diëtetiek*,
DOI 10.1007/978-90-368-1774-5_3

de verpleeg- en verzorgingshuizen en in de thuiszorg 17 % (SEO 2014). De focus in dit hoofdstuk zal liggen op ondervoeding. Hierbij worden de verschillende factoren die aan veranderingen van het eetgedrag van ouderen ten grondslag liggen en de mogelijkheden voor preventie van ondervoeding beschreven.

3.2   Oorzaken van verandering eetgedrag en voedselvoorkeur

De voedselinname wordt bepaald door de hoeveelheid voedsel en de frequentie van consumptie. De nutriëntenwaarde van de geconsumeerde voedingsmiddelen bepaalt of een oudere voldoet aan de aanbevelingen voor gezonde voeding. Wanneer een oudere de aanbevelingen niet haalt, kan dit verschillende oorzaken hebben die in de komende paragrafen worden behandeld.

3.2.1   Verandering zintuiglijke waarneming

De mens beschikt over vijf zintuigen: smaak, reuk, tast, gezicht en gehoor. Hoewel bij het waarnemen en waarderen van voedsel alle vijf de zintuigen betrokken zijn, spelen smaak en geur de belangrijkste rol.

Zie hoofdstuk *Voeding bij smaak- en reukstoornissen* voor een beschrijving van de ontwikkeling van voedselvoorkeuren en de anatomie van de zintuigen.

De voedselinname kan dalen doordat de interesse in voeding afneemt, hetgeen grotendeels bepaald wordt door de zintuiglijke waarneming van smaak en geur. Deze zintuiglijke waarneming wordt omschreven als een geïntegreerde combinatie van het reukvermogen en de smaakperceptie van eten (Laing en Jinks 1996). Vanaf het 60ᵉ levensjaar vermindert de waarneming van zowel smaak als geur. Deze degradatie vindt geleidelijk plaats en kan daardoor onopgemerkt verlopen.

Het reukvermogen kan meer dan duizend verschillende vluchtige componenten onderscheiden, waarvan sommige geurstoffen bij zeer lage concentraties, van een paar ppm (parts per million), kunnen worden waargenomen (Spielman 1998). Deze perceptie van geuren in de omgeving wordt orthonasale geurperceptie genoemd: het ruiken in traditionele zin. Voor het transport van vluchtige geurstoffen naar de geurreceptoren in de neus zijn een goede inademing via de neus en een vochtig neusslijmvlies essentieel (Burdach en Doty 1987). Het neusslijmvlies wordt vochtig gehouden door de neusmucosa, die mucus (slijm) uitscheidt. Tijdens het verouderingsproces daalt de secretie van mucus, waardoor de luchtdoorstroming door de neus afneemt en het transport van aromacomponenten slechter verloopt. De orthonasale geurperceptie is hierdoor geringer (Burdach en Doty 1987). Bovendien vermindert de retronasale aromaperceptie tijdens het ouder worden. Dit is de perceptie van vluchtige geurstoffen die vrijkomen tijdens het verwerken van voedsel in de mond en het doorslikken ervan (Ruijschop et al. 2009). Deze geurperceptie bepaalt hoe het aroma van voedsel tijdens consumptie wordt waargenomen, wat door de consument vaak wordt uitgelegd als smaak. Ten gevolge van een verminderde kauwkracht, een daling van het aantal tongbewegingen en een verminderde speekselproductie daalt deze retronasale geurperceptie. De combinatie van factoren die ten grondslag ligt aan de daling van de geurperceptie resulteert in een drempelwaarde voor het waarnemen van geuren die bij ouderen vijf tot elf keer hoger ligt dan bij jongeren (Tepper en Genillard-Stoerr 1991).

Er zijn aanwijzingen dat ouderen het verlies van reuk en smaak kunnen compenseren door bijvoorbeeld een versterkte visuele perceptie, waardoor zij toch geen verminderde zintuiglijke waarneming ervaren. Philipsen en collega's (1995) toonden een toegenomen waarneming van 'flavour' (d.w.z. geur én smaak) bij ouderen aan wanneer de kleurintensiteit van het voedingsmiddel groter was, terwijl jongeren geen verschil in flavour waarnamen. Dit complexe systeem van interacterende zintuiglijke factoren maakt het moeilijk om te bepalen welke invloed een verminderd reukvermogen heeft op de voedselkeuze en -inname (Kremer et al. 2007b).

Bij smaakwaarneming zijn zoet, bitter, zuur, zout en hartig (umami) te onderscheiden. De smaakwaarneming gaat achteruit naarmate de leeftijd vordert, hoewel een afgenomen smaakperceptie minder vaak wordt gediagnosticeerd dan een afgenomen reukvermogen (Yen 2004). De lagere prevalentie kent verschillende oorzaken. In de eerste plaats overlappen de zenuwvoorzieningen van de smaakreceptoren elkaar. Dit houdt in dat verlies van smaak door beschadiging of uitval van een receptor gecompenseerd wordt door een verhoogde gevoeligheid van een andere receptor. Daarnaast vindt elke tien tot vijftien dagen celvernieuwing plaats van de smaakreceptoren, terwijl dit eens per vier tot acht weken het geval is voor geurreceptoren (Spielman 1998). Een andere verklaring voor de lagere prevalentie van verminderde smaakwaarneming is dat het signaal van het reukvermogen via één zenuwbaan naar het centrale zenuwstelsel loopt, terwijl het smaakvermogen beschikt over vier zenuwbanen (Spielman 1998). Ondanks dit back-upsysteem hoort het bij het normale verouderingsproces dat ook het smaakvermogen achteruitgaat. Dit leidt ertoe dat de drempelwaarde voor smaakwaarneming bij ouderen twee tot tweeënhalf keer hoger ligt dan bij jongeren (Tepper en Genillard-Stoerr 1991). Eventueel kan ook een deficiëntie van zink, koper, vitamine A, C, B6, B12 of foliumzuur ten grondslag liggen aan een verminderde smaakperceptie (Tepper en Genillard-Stoerr 1991). Ook het gebruik van medicatie kan de smaakperceptie veranderen. Sommige medicijnen geven langdurig een bittere nasmaak, waardoor allerlei voedingsmiddelen een bittere ondertoon kunnen krijgen.

De verminderde perceptie van smaak kan verschillen voor zoet, zuur, bitter, zout en hartig, maar hiernaar is nog weinig onderzoek verricht. Het gehele voedingsmiddel geeft echter een bepaalde zintuiglijke waarneming die niet alleen bepaald wordt door smaak, maar ook door geur, kleur en textuur. Hierdoor is het moeilijk om onderlinge verschillen in smaakperceptie na te gaan. Zo kwam in de

studie van Kremer en collega's (2007b) naar voren dat ouderen verschillende sui-
kerconcentraties in wateroplossingen minder goed waarnemen dan verschillende
zoutconcentraties. Wanneer echter in gangbare voedingsmiddelen de suikercon-
centraties worden veranderd, blijken ouderen die wel goed te kunnen waarnemen
(Graaf et al. 1996). De sterke interacties tussen de zintuigen liggen hieraan vermoedelijk ten grondslag.

3.2.2   Honger en verzadiging bij ouderen

Honger en verzadiging spelen een rol bij eetgedrag. Tijdens verouderingsproces-
sen treden er hormonale veranderingen op. Een voorbeeld is het verzadigingshor-
moon cholecystokinine (CCK), waarvan de productie toeneemt en tegelijkertijd
de gevoeligheid voor het hormoon stijgt (Spielman 1998). Hierdoor treden eerder
gevoelens van verzadiging op met als gevolg dat de voedselconsumptie afneemt.
Dit lijkt een significante daling van de voedselinname bij ouderen te veroorzaken, met het gevaar voor 'anorexia of ageing' (ouderdomsanorexia). CCK wordt
gemetaboliseerd in de aanwezigheid van zink. Een zinktekort kan daardoor leiden tot verhoogde verzadigingsgevoelens (Guzevatykh 2008). Tot nu toe zijn geen
andere voedingsstoffen bekend die de afgifte van of gevoeligheid voor CCK kunnen beïnvloeden. Er is wel medicatie bekend waarvan de werking tegengesteld is
aan die van CCK, zoals devazepide (Ritter 2004). Het toedienen van deze CCK-
antagonisten leidt tot een significante toename van de voedselconsumptie (Brenner
en Ritter 1995).

Daarnaast daalt het basaalmetabolisme, waardoor het totale energieverbruik
afneemt. Dit levert verminderde hongergevoelens op, wat ook aanleiding geeft
tot een afname van de voedselconsumptie (MacIntosh et al. 2000; Pannemans
en Westerterp 1994). Deze daling is toe te schrijven aan de veranderingen in
lichaamssamenstelling: de vetmassa neemt toe en de vetvrije massa neemt af. Dit
leidt tot een lagere energiebehoefte, waardoor de vitamine- en mineralendichtheid
van de voeding moet toenemen om een suboptimale voedingsstatus te voorkomen
(Jong et al. 1999).

Tot slot neemt ook de motivatie om te eten af doordat het aantal opioïdrecepto-
ren vermindert (MacIntosh et al. 2000). Opioïden zijn stoffen die het lichaam zelf
aanmaakt en die een gevoel van genot geven bij bepaalde voedingsmiddelen, zoals
producten met veel suiker en/of vet (Guzevatykh 2008). Verder bevatten bepaalde
voedingsmiddelen ook opioïde peptiden, zoals casomorfine in melk, rubiscoline in
spinazie, en exorfine en gliadorfine (ook wel gluteomorfine genoemd) in gluten
(Mercer en Holder 1997). Meer onderzoek is echter nodig om te kunnen vaststellen of deze voedingsmiddelen daadwerkelijk een gevoel van genot opleveren tijdens consumptie.

3.2.3 Verandering van voedselbewerking in de mond

In de mond ondergaat voedsel al een eerste verteringsstap. De bewerking van voedsel in de mond is veelzijdig: het voedsel wordt met kauw- en tongbewegingen kleiner gemaakt en tegelijk bevochtigd en gedeeltelijk verteerd door het speeksel. Onder invloed van het enzym amylase dat aanwezig is in het speeksel, worden polysachariden, waaronder zetmeel, afgebroken tot kleinere ketens. De eiwitketens (mucinen) die in het speeksel zitten, zijn verantwoordelijk voor de visco-elastische eigenschappen van speeksel, waardoor eten, spreken en slikken mogelijk is. Bij ouderen kan dit proces echter stagneren door slikproblemen, een slecht passend kunstgebit, een verminderde speekselproductie of moeizaam kauwen (Hochberg et al. 1998; Mioche et al. 2004; Zussman et al. 2007).

Vanaf het 50e levensjaar verliest een mens jaarlijks gemiddeld 3 kg vetvrije massa (MacIntosh et al. 2000). Dit betekent een verlies van spiermassa, met een daling van de spierkracht tot gevolg. Hoewel dit in de eerste plaats de mobiliteit van ouderen vermindert, veroorzaakt dit ook een vermindering van de kauwkracht en een afname van het aantal tongbewegingen. Dit is onderzocht in een studie van Kremer en collega's (2007b), waarbij de deelnemers exact twintig keer op eenzelfde stukje kauwgom moesten kauwen. De kauwgom was voorzien van twee kleuren, zodat na het kauwen de menging van de kleuren bekeken kon worden. Ouderen slaagden er slechter dan de jongere deelnemers in om in twintig kauwbewegingen de twee kleuren te mengen. Ook een (slecht passend) kunstgebit kan tot kauwproblemen leiden (Kremer et al. 2007b). Voornamelijk plakkerige producten, zoals kauwgom en toffees, of harde producten, zoals noten, zijn dan niet prettig om te eten.

Een verminderde spierkracht bemoeilijkt ook het slikken (dysfagia), waardoor het transport van vloeistoffen en/of vaste stoffen van de keelholte naar de slokdarm belemmerd wordt (Miller 1986; Mioche et al. 2004). Eveneens kan het slikken moeizaam gaan door een verminderde spierkracht, een daling van de speekselproductie en verandering van de speekselsamenstelling (xerostomia). Het speeksel is bij ouderen viskeuzer, waardoor het eten in de mond blijft plakken en moeilijker doorgeslikt kan worden (Hochberg et al. 1998; Zussman et al. 2007).

De verminderde voedselbewerking heeft een direct effect op zowel de voedselvoorkeuren, die worden besproken in de volgende paragraaf, als op de voedselinname (MacIntosh et al. 2000). Over het algemeen kan gesteld worden dat bij moeizaam kauwen en slikken de hapgrootte kleiner is en het eten langer in de mond blijft. De consequentie hiervan is dat het langer duurt voordat een volledige maaltijd geconsumeerd is, waardoor het punt van verzadiging eerder bereikt wordt. Om dit te voorkomen kan gebruik worden gemaakt van vloeibare voedingsmiddelen; deze worden gemakkelijker doorgeslikt, vergroten de eetsnelheid en verzadigen minder snel (Zijlstra 2010).

3.2.4 Hedonistische voedselvoorkeuren

Hedonistische aspecten ofwel genotsaspecten van voeding spelen een belangrijke rol bij de consumptie en voedselkeuze. Als een product minder lekker is, dan beïnvloedt dat direct de consumptie (Castro 2002). Dit betekent tevens dat wanneer de smaak van een product minder wordt waargenomen, het plezier in eten afneemt (Ferris en Duffy 1989). Het hedonistische effect van eten wordt verder beïnvloed door het inhaleren van vluchtige aromacomponenten die via de neus in zeer lage concentraties kunnen worden waargenomen. Deze geurwaarneming gaat vanaf het 60e levensjaar achteruit.

Hedonistische voedselvoorkeuren zijn persoonsgebonden; het lievelings-eten van de één kan een ander verafschuwen. Desondanks is er een trend waarneembaar: de veranderingen in zintuiglijke waarneming en voedselbewerking in de mond dragen ertoe bij dat de voedselvoorkeuren van ouderen anders zijn dan die van jongeren. In het algemeen houden vrouwen meer van zoete en gezonde snacks, zoals fruit en rauwe groenten (Wansink et al. 2003). Mannen daarentegen houden van maaltijdgerelateerde voedingsmiddelen, zoals pizza, pasta of biefstuk. Wansink en collega's (2003) observeerden bovendien dat jongeren meer van uitgesproken smaken houden, zoals zoet en zout, die vaak in snackproducten zitten. Ouderen geven de voorkeur aan maaltijdgerelateerde voedingsmiddelen in plaats van snacks.

Verder is uit onderzoek gebleken dat ouderen met een verminderd reukvermogen meer zoete en vette producten consumeren en minder voedingsmiddelen met een overheersende zure of bittere smaak (Duffy et al. 1995; Rolls 1998). Dit is een ontwikkeling die tegengegaan moet worden, omdat het de kans op obesitas en hart- en vaatziekten vergroot. Voedseltechnologie kan hier bijvoorbeeld op inspelen door producten met een verlaagd suiker-, zout- of vetgehalte op de markt te brengen die wel dezelfde waarneming van smaak en geur opleveren. Hierbij kan gedacht worden aan suiker-, zout- of vetvervangers, aroma's die geassocieerd worden met suiker, zout of vet. Ook kan door middel van een verbeterd productieproces de smaak en geur van het product beter behouden worden.

3.2.5 Verandering sociale factoren

De voedselinname wordt mede bepaald door de sociale omgeving. Die verandert echter ook bij het ouder worden. Door verminderde mobiliteit of het overlijden van familie of vrienden kan sociale isolatie of eenzaamheid optreden die de voedselinname negatief kunnen beïnvloeden (Rolls 1998). Uit verschillende studies is naar voren gekomen dat de voedselinname toeneemt wanneer er meer aandacht wordt geschonken aan de sociale omgeving (MacIntosh et al. 2000; Mathey et al. 2001; Kremer et al. 2007b). Uit een studie kwam naar voren dat ouderen tot 50 %

meer eten als ze in gezelschap van bekenden zijn dan wanneer ze alleen eten (MacIntosh et al. 2000).

Ook de ambiance aan tafel heeft een positieve invloed op de voedselconsumptie van ouderen in een verzorgingshuis. Tijdens een studie is gedurende een jaar een verbeterde ambiance gecreëerd tijdens de maaltijden in een Nederlands verzorgingshuis (Mathey et al. 2001). Dit resulteerde in een verbeterde voedingsstatus onder de bewoners. In een andere studie is opgemerkt dat ouderen die alleen wonen, producten als minder lekker ervaren dan ouderen die leven in een huishouden van twee of meer mensen (Kremer et al. 2007b).

3.3   Adviezen voor de praktijk

De veranderingen in het eetgedrag bij het ouder worden vormen een complex geheel, waarbij nog veel onduidelijkheden zijn. De fysiologische veranderingen zijn onomkeerbaar en zijn niet met voeding te beïnvloeden. Het is daarom lastig één praktisch advies te geven, passend bij een algemene groep ouderen. Wanneer de energie-inname echter daalt onder de 1.800 kcal per dag, is een voedingsinterventie noodzakelijk omdat het dan moeilijk wordt om aan de aanbevolen dagelijkse hoeveelheden nutriënten te komen. Voedingsinterventies met nutriëntrijke voeding zijn daarom essentieel om ondervoeding te voorkomen.

3.3.1   Direct toepasbare praktische maatregelen

In een studie van Rolls en collega's (1995) kwam naar voren dat ouderen moeilijker kunnen compenseren voor te veel of te weinig voedselinname. Terwijl jongeren na het eten van een voorgerecht hun energie-inname bij het hoofdgerecht reguleerden, aten ouderen op die manier consequent 10 tot 30 % meer. Hiervan kan gebruik worden gemaakt door ouderen voor de maaltijd een nutriëntrijk voedingsmiddel te geven.

In principe is het van belang om ouderen eten te geven dat ze lekker vinden; dat stimuleert logischerwijs de inname. De relatie tussen hedonistische voedselvoorkeuren en voedselinname is echter nog niet duidelijk. De voedselvoorkeuren van ouderen zijn weliswaar bekend, maar wanneer ouderen alleen hun lievelingseten krijgen voorgeschoteld, biedt dit nog geen garantie voor een grotere voedselinname. Het kan zijn dat gezondheidsbewuste ouderen de verleiding kunnen weerstaan om producten met veel suikers en/of verzadigde vetten te consumeren. Hierdoor zal de aanwezigheid van dit soort voedingsmiddelen niet leiden tot extra voedselinname. Daarnaast zou inname van voedingsmiddelen met een hoge energiedichtheid maar een lage nutriëntenwaarde wel ondervoeding kunnen aanpakken, maar daardoor wordt een deficiëntie van vitaminen en mineralen nog niet voorkomen. Het is dus van belang dat inname van nutriëntrijke voeding wordt gestimuleerd.

Het effect van sociale factoren mag zeker niet onderschat worden: ouderen eten tot 50 % meer wanneer ze in het gezelschap van bekenden zijn dan wanneer ze alleen eten (MacIntosh et al. 2000). Ook de ambiance aan tafel heeft een positieve invloed op de voedselconsumptie van geïnstitutionaliseerde ouderen (Mathey et al. 2001). Het is dus van belang hieraan aandacht te schenken en samen met een verzorgingshuis een plan op te stellen de ambiance tijdens maaltijden te verbeteren.

Variatie bij alle maaltijden bepaalt in belangrijke mate de aantrekkelijkheid ervan. Bij een slechte voedselbewerking in de mond wordt de maaltijd vaak gepureerd opgediend. Hierin schuilt echter het gevaar dat ouderen niet meer kunnen onderscheiden wat ze nu precies eten en ze de variatie van de gepureerde maaltijden niet meer waarnemen. Het eetgenot neemt dan beduidend af, met een mogelijk lagere voedselinname tot gevolg. Het is daarom raadzamer de ingrediënten van de maaltijd zo zacht mogelijk te maken door bijvoorbeeld onder hoge druk te stomen, zodat de vitaminen en mineralen grotendeels behouden blijven en de maaltijd niet gepureerd hoeft te worden. Wanneer pureren toch noodzakelijk is, bijvoorbeeld in geval van slikproblemen, kunnen afzonderlijke ingrediënten gepureerd worden, zodat de variatie op het bord groot blijft en de associatie met de afzonderlijke producten niet verdwijnt. Vermijd overigens de keuze van vezelarm, zacht voedsel dat obstipatie tot gevolg kan hebben. Probeer dit te voorkomen met vezelrijke voeding, voldoende vocht en beweging.

Ook lichaamsbeweging heeft een positieve invloed op de voedingsstatus (zie kader). Lichamelijke activiteit remt het verlies van spiermassa ten gevolge van het verouderingsproces. Bovendien gaat het BMR (basaalmetabolisme) omhoog, waardoor de eetlust toeneemt (Morley 2001). Een bijkomend voordeel van een wandeling in de buitenlucht is de aanmaak van vitamine D in de huid. In een studie van Bunout en collega's (2001) is het effect van een bewegingsinterventie onder ouderen onderzocht. Ouderen die gedurende achttien maanden deelnamen aan het sportprogramma hadden een verbeterde spierkracht en hun serumcholesterolwaarden waren constant gebleven. Bij ouderen die niet deelnamen, was de spierkracht afgenomen en waren de serumcholesterolwaarden gestegen.

Tot slot is het belangrijk een gezondheidsbewust inzicht te creëren bij ouderen. Meestal merken ouderen ook zelf op dat ze afvallen, minder trek hebben of minder eten dan vroeger. Door als diëtist(e) samen met de ouderen bijvoorbeeld een dagen/of weekmenu samen te stellen krijgen ouderen inzicht en tips met betrekking tot hoeveel en wat ze moeten eten om aan hun nutriëntenbehoefte te komen. Het is daarbij van belang de aandacht te richten op de oplossing, niet op het probleem. De focus ligt daarom bij voorkeur op wat ze moeten eten en hoe ze dit het best kunnen doen.

Er bestaan verschillende strategieën om hongergevoelens of trek te stimuleren of om het dooreten en doordrinken te bevorderen. Een overzicht hiervan is gegeven in het kader.

Strategieën om honger en trek te stimuleren en dooreten en doordrinken te bevorderen

- Serveer maaltijden aantrekkelijk door veel variatie aan te brengen in kleur, smaak, geur, textuur en temperatuur.
- Stimuleer, indien mogelijk, het kauwen van voedsel. Voeg bijvoorbeeld rozijnen of stukjes fruit of noten toe aan een zacht/vloeibaar product. Dan kunnen de kauw- en tongbewegingen zorgen voor extra retronasale aromaperceptie.
- Roken vermindert de waarneming van flavour (dus geur én smaak). Stoppen met roken zal het eetgenot vergroten.
- Gebruik verschillende kruiden en specerijen om het eten extra smaak te geven en verminder tevens de hoeveelheid zout.
- Creëer een gezellige eetomgeving: dek de tafel, zorg voor een bloemetje of stabiele kaars op tafel en laat zo veel mogelijk vrienden en/of familie aan tafel aanwezig zijn.
- Stimuleer lichamelijke activiteit. Maak een korte wandeling voor het eten indien mogelijk; dit bevordert de eetlust.
- Zorg ervoor dat nutriëntrijke producten de basis vormen van alle maaltijden en van de tussendoortjes.
- Wanneer kauwen en slikken moeizaam gaan, dien het voedsel dan zo zacht mogelijk op, maar voorkom dat de maaltijd er eenzijdig uitziet. Creëer variatie in zachte producten en meng niet alle ingrediënten van de maaltijd.
- Stimuleer dat op zichzelf wonende ouderen vaak, zo mogelijk dagelijks, naar de supermarkt gaan. Verse producten hebben vaak meer smaak en daarnaast zorgt deze activiteit voor lichamelijke inspanning en voor sociale contacten.
- Adviseer ouderen regelmatig tandvriendelijke snoepjes te eten. Dit stimuleert de speekselproductie.
- Laat ouderen zich bewust worden van hun huidige voedingspatroon en wat ze moeten eten om aan de aanbevolen dagelijkse hoeveelheid (ADH) te komen. Dit bewustzijn kan ze helpen ondervoeding te voorkomen.

Naar: http://www.dentalgentlecare.com/nutrition_and_aging.htm

3.3.2   Voedseltechnologische mogelijkheden

In de voedingstechnologie wordt veel aandacht besteed aan het verwerven van kennis die ertoe kan leiden dat de voedselinname van ouderen stijgt. Hierbij kan gedacht worden aan het optimaliseren van aromacomponenten die van nature in voedingsmiddelen aanwezig zijn. Deze zogeheten compensatiestrategieën dienen het verlies van sensorische perceptie op te vangen.

Zoals eerder beschreven neemt de geur- en smaakdetectie in meer of mindere mate af vanaf het 60^e levensjaar (par. 3.2.1). In verschillende studies zijn mogelijke compensatiestrategieën om dit verlies op te vangen onderzocht (fig. 3.1). De strategieën houden in dat de smaak, de geur of de textuur van het product aangepast is.

3.3.2.1 Smaak en geur

De smaak kan veranderd worden door de smaken zoet, zuur, zout, bitter of umami (hartig) aan te passen. Over het algemeen worden zoete en zoute tot hartige producten lekkerder gevonden dan zure of bittere producten (Duffy et al. 1995). Om het smaakverlies bij ouderen te compenseren kan de smaakintensiteit vergroot worden door extra suiker of zout toe te voegen. Het toevoegen van suiker is echter geen gezonde en nutriëntrijke optie. Alternatieven, zoals isomalt, mannitol, maltitol, sucralose, xylitol of stevia, geven producten echter een andere textuur en smaak, de kleur is anders en het rijzen van het product is minder (Edelstein et al. 2008). De industrie is daarom op zoek naar natuurlijke alternatieven die dezelfde flavour- en textuurwaarneming hebben als suikertoevoeging, zowel voor als na verwerking.

Het toevoegen van zout vergroot het risico op een hoge bloeddruk en is daardoor evenmin een geschikte keuze. Het toevoegen van kruiden en specerijen kan een manier zijn om toch een pittige smaak te creëren zonder zout te gebruiken. Verder kan minder zout worden gebruikt door middel van het aanbrengen van een 'sensorisch contrast'. Een voorbeeld hiervan is de niet-homogene verdeling van zout in brood via verschillende deeglagen (Noort et al. 2010). Hierbij worden laagjes aangebracht met afwisselend meer en minder zout. De zoutwaarneming blijft op deze manier gelijk, terwijl de zoutconcentratie met 28 % gereduceerd kan worden. Deze methode kan ook worden toegepast om het suikergehalte in een product te verlagen.

Een nieuwe flavourdimensie kan worden gecreëerd door het toevoegen van peper of menthol (Kremer et al. 2007a). In zoete producten, zoals desserts, worden lage concentraties van menthol vaak gewaardeerd. Bij hartige producten, zoals tomatensoep, wordt het gewaardeerd als kleine hoeveelheden peper worden toegevoegd.

Het toevoegen van aroma's die geassocieerd worden met een zoete (Knoop et al. 2008), zoute of vette (romige) (Bult et al. 2007) smaakbeleving is een optie waarbij de energetische waarde van het product behouden of verlaagd kan worden, terwijl de smaakintensiteit vergroot wordt of ten minste hetzelfde blijft. Hiervoor zijn twee opties beschikbaar, namelijk het toevoegen van een al aanwezig aroma (aromaverbetering) en het toevoegen van een ander aroma (aromaverrijking). In een studie werd bijvoorbeeld aan romige vla kersenaroma toegevoegd

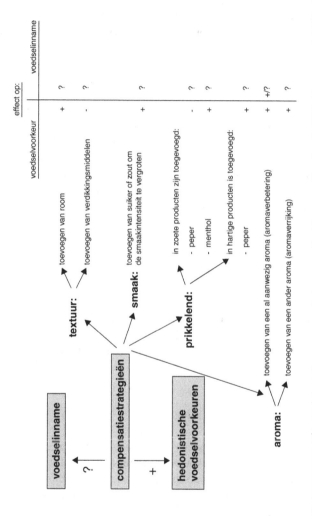

Figuur 3.1 Strategieën ter compensatie van het verlies van sensorische perceptie. (Bronnen: Graaf et al. 1996; Kremer et al. 2007a, b; Mathey et al. 2001; Schiffman en Warwick 1993)

ter verrijking van het product (Kremer et al. 2007a, b). Ouderen waardeerden dit, terwijl toevoeging van roomaroma als aromaverbetering in deze studie geen succes was.

De retronasale geurperceptie is gerelateerd aan het gevoel van verzadiging (Ruijschop et al. 2009). Door deze geurperceptie vanuit het voedingsmiddel te veranderen zou het gevoel van verzadiging ook uitgesteld kunnen worden, waardoor de dooreetbaarheid of doordrinkbaarheid van voedsel vergroot kan worden. Dit kan vervolgens leiden tot een hogere voedselinname.

Meer onderzoek is noodzakelijk om de effecten van al deze compensatiestrategieën te bevestigen.

3.3.2.2 Textuur

Een andere compensatiestrategie is het veranderen van de textuur van voedingsmiddelen, bijvoorbeeld door het toevoegen van room. Uit studies is gebleken dat de smaak, geur en textuur van het product hierdoor positief beïnvloed worden (Graaf et al. 1996; Kremer et al. 2007a, b). Het nadeel is dat room verzadigde vetten bevat en geen gezonde, nutriëntrijke optie is. De romigheid kan echter ook verbeterd worden met andere middelen. Alting en collega's (2009) voegden zetmeel (amylomaltase, dat is verbeterd zetmeel) toe aan magere yoghurt met een vetpercentage van 1,5. Dit verbeterde de romigheid, die daardoor overeenkwam met een yoghurt die 5 % vet bevat.

Voor het verbeteren van de doorslikbaarheid kan verdikkingsmiddel worden toegevoegd. Het gebruik van amylaseresistente koolhydraten zorgt voor verdikking en tevens voor behoud van de textuur van het voedingsmiddel tijdens het eten. De textuur kan ook verbeterd worden door gebruik te maken van melkeiwitten. Onder hoge druk vormt het melkeiwit caseïne onderlinge bruggen (coagulatie), waardoor de textuur van bijvoorbeeld magere melkproducten dikker kan worden (Huppertz 2009).

3.3.2.3 Succes van compensatiestrategieën

Uit de beschreven compensatiestrategieën kan geconcludeerd worden dat er mogelijkheden zijn om een product een verbeterde flavour te geven. Tot nu toe zijn deze strategieën alleen toegepast op kleine schaal. In een studie onder 39 geïnstitutionaliseerde ouderen is het effect van aromaverbetering onderzocht (Schiffman en Warwick 1993). Gedurende drie weken kregen de ouderen één of twee producten opgediend waaraan aroma was toegevoegd. De resultaten werden vergeleken met een additionele drie weken waarin geen aroma aan producten werd toegevoegd. Aan vleesproducten werd, afhankelijk van het vlees, rosbiefaroma, hamaroma, spekaroma of biefstukaroma toegevoegd. Aan kaas werd kaasaroma toegevoegd en aan zoete producten werd ahornaroma toegevoegd. Schiffman en Warwick concludeerden dat de ouderen meer aten wanneer het voedsel een verbeterd aroma had. Bovendien was het functioneren van het immuunsysteem verbeterd: na drie weken consumptie van maaltijden met verbeterd aroma waren de aantallen B- en T-cellen toegenomen. De auteurs geven aan dat dit resultaat los staat van de verbeterde voedingsstatus en vermoeden dat de aroma's de aanmaak van opiumachtige stoffen in het lichaam stimuleren.

De relatie tussen compensatiestrategieën en een verbeterde voedselconsumptie laat positieve resultaten zien, maar meer onderzoek is noodzakelijk om dit te bevestigen.

3.4   Conclusie

Naarmate de leeftijd stijgt, neemt de zintuiglijke waarneming af, veranderen fysiologische en sociale factoren en worden ook de voedselvoorkeuren anders. Al deze factoren zijn van invloed op de dagelijkse voedselconsumptie. Voornamelijk bij ouderen met weinig eetlust en onvrijwillig gewichtsverlies is het noodzakelijk de voedselinname te stimuleren. Een geïntegreerde aanpak is hierbij essentieel. Een uitgebalanceerd voedingspatroon is nodig voor een adequate inname van alle nutriënten. Het toepassen van compensatiestrategieën biedt mogelijkheden om de voedselinname te stimuleren. Er is echter nog te weinig onderzoek gedaan bij ouderen naar daadwerkelijke voedselinname in relatie tot producteigenschappen. Aanpak van fysiologische en sociale factoren biedt ook mogelijkheden om de voedselinname te stimuleren. Meer onderzoek is echter nodig om te bepalen hoeveel invloed de verschillende factoren hebben op de voedselinname.

Literatuur

Alting, A. C., et al. (2009). Improved creaminess of low-fat yoghurt: The impact of amylomaltase-treated starch domains. *Food Hydrocolloids, 23*(3), 980–987.

Brenner, L., & Ritter, R. C. (1995). Peptide cholestystokinin receptor antagonist increases food intake in rats. *Appetite, 24,* 1–9.

Bult, J. H. F., et al. (2007). Investigations on multimodal sensory integration: Texture, taste, and ortho- and retronasal olfactory stimuli in concert. *Neuroscience Letters, 411,* 6–10.

Burdach, K. J., & Doty, R. L. (1987). The effects of mouth movements, swallowing, and spitting on retronasal odor perception. *Physiology & Behavior, 41,* 353–356.

Bunout, D., et al. (2001). The impact of nutritional supplementation and resistance training on the health functioning of free-living Chilean elders: Results of 18 months of follow-up. *Journal of Nutrition, 131*(9), S2441–S2446.

Castro, J. M. de. (2002). Age-related changes in the social, psychological, and temporal influences on food intake in free-living, healthy, adult humans. *Journals of Gerontology. Series A, Biological Sciences,* 57, M368–377.

Duffy, V. B., Backstrand, J. R., & Ferris, A. M. (1995). Olfactory dysfunction and related nutritional risk in free-living, elderly women. *Journal of the American Dietetic Association, 95*(8), 879–884.

Edelstein, S., et al. (2008). Comparison of six new artificial sweetners gradation ratios with sucrose in conventional-method cupcakes resulting in best percentage substitution ratios. *Journal of Culinary Science & Technology, 5*(4), 61–74.

Ferris, A. M., & Duffy, V. B. (1989). Effect on olfactory deficits on nutritional status. Does age predict persons at risk? *Annals of the New York Academy of Sciences, 561*, 113–123.

Graaf, C. de, Staveren, W. van, & Burema, J. (1996). Psychophysical and psychochemical functions of four common food flavours in elderly subjects. *Chemical Senses,* 21, 293–302.

Guzevatykh, L. S. (2008). Identification of functionally important dipeptide in sequences of atypical opioid peptides. *Russian Journal of Bioorganic Chemistry, 34*(5), 526–543.

Hochberg, M. C., et al. (1998). Prevalence of symptoms of dry mouth and their relationship to saliva production in community dwelling elderly: The SEE Project. *Journal of Rheumatology, 25*(3), 486–491.

Huppertz, T. (2009). Enzymatic cross-linking of milk proteins: Effects on structure, stability and functionality. *SciTopics*. Research summaries by experts, 22-01-2009.

Jong, N. de, et al. (1999). Functional biochemical and nutrient indices in frail elderly people are partly affected by dietary supplements but not by exercise. *Journal of Nutrition*, 129(11), 2028–2036.

Knoop, J. E., et al. (2008). *Effects of esters appearing in natural apple aroma on the sweetness impression of apple juice.* Abstract SENS. Third European Conference on Sensory and Consumer Research: A sense of innovation.

Kremer, S., et al. (2007a). Compensation for age-associated chemosensory losses and its effect on the pleasantness of a custard dessert and a tomato drink. *Appetite*, 48(1), 96–103.

Kremer, S., et al. (2007b). Food perception with age and its relationship to pleasantness. *Chemical Senses*, 32(6), 591–602.

Laing, D. G., & Jinks, A. (1996). Flavour perception mechanisms. *Trend in Food Science & Technology, 7*(12), 387–389.

MacIntosh, C., Morley, J. E., & Chapman, I. M. (2000). The anorexia of aging. *Nutrition, 16*(10), 983–995.

Mathey, M. A. M., et al. (2001). Flavor enhancement of food improves dietary intake and nutritional status of elderly nursing home residents. *Journals of Gerontology. Series A, Biological Sciences*, 56(4), M200–M205.

Mercer, M. E., & Holder, M. (1997). Food cravings, endogenous opioid peptides, and food intake: A review. *Appetite, 29*(3), 325–352.

Miller, A. J. (1986). Neurophysiological basis of swallowing. *Dysphagia, 1*(2), 91–100.

Mioche, L., et al. (2004). Changes in jaw muscles activity with age: Effects on food bolus properties. *Physiology & Behavior, 82*(4), 621–627.

Morley, J. E. (2001). Decreased food intake with aging. *Journals of Gerontology. Series A, Biological Sciences,* 56(2), 81–88.

Noort, M., Bult, J., Stieger, M., & Hamer, R. (2010). Saltiness enhancement in bread by inhomogenous spatial distribution of sodium chloride. *Journal of Cereal Science, 52*(3), 378–386.

Pannemans, D. L., & Westerterp, K. R. (1994). Energy expenditure, physical activity and basal metabolic rate of elderly subjects. *British Journal of Nutrition, 73*(4), 571–581.

Philipsen, D. H., et al. (1995). Consumer age affects response to sensory characteristics of a cherry flavoured beverage. *Journal of Food Science, 60*(2), 364–368.

Ritter, R. C. (2004). Increased food intake and CCK receptor antagonists: Beyond abdominal vagal afferents. *American Journal of Physiology: Regulatory, Integrative and Comparative Physiology, 286,* R991–R993.

Rolls, B. J., Dimeo, K. A., & Shide, D. J. (1995). Age-related impairments in the regulation of food intake. *American Journal of Clinical Nutrition, 62,* 923–931.

Rolls, B. J. (1998). Do chemosensory changes influence food intake in the elderly? *Physiology & Behavior, 66,* 193–197.

Ruijschop, R. M. A. J., Boelrijk, A. E. M., Graaf, C. de, & Westerterp-Plantenga, M. S. (2009). Retro-nasal aroma release and satiation: A review. *Journal of Agriculture and Food Chemistry*, 57, 9888–9894.

Schiffman, S. S., & Warwick, Z. S. (1993). Effect of flavor enhancement of foods for the elderly on nutritional status: Food intake, biochemical indices, and antropometric measures. *Physiology & Behavior, 53,* 395–402.

SEO Economisch Onderzoek (2014). *Ondervoeding Onderschat.* SEO-rapport nr. 2014-11.

Spielman, A. I. (1998). Chemosensory function and dysfunction. *Critical Reviews in Oral Biology and Medicine, 9*(3), 267–291.

Tepper, B. J., & Genillard-Stoerr, A. (1991). Chemosensory changes with aging. *Trends in Food Science & Technology, 2*(10), 244–246.

Wansink, B., Cheney, M. M., & Chan, N. (2003). Exploring comfort food preferences across age and gender. *Physiology & Behavior, 79*(4–5), 739–747.

Yen, P. K. (2004). Nutrition and sensory loss. *Geriatric Nursing, 25*(2), 118–119.

Zijlstra, N. (2010). *Food texture and food intake: The role of oral sensory exposure.* Proefschrift: Wageningen Universiteit.

Zussman, E., Yarin, A. L., & Nagle, R. M. (2007). Age- and flow-dependency of salivary visco-elasticity. *Journal of Dental Research, 86*(3), 281–285.

Hoofdstuk 4
Voeding bij kinderen met oncologische aandoeningen

April 2017

M.D. van de Wetering en M.E. Dijsselhof

Samenvatting Bij kinderen met kanker is een goede voedingstoestand van essentieel belang omdat een kind geestelijk en lichamelijk volop in ontwikkeling is. Bij kinderen zijn de meest voorkomende vormen van kanker: leukemie, lymfeklierkanker en hersentumoren. Meer zeldzaam zijn de solide tumoren uitgaande van een orgaan in het lichaam. De behandeling gaat bij veel patiënten gepaard met gewichtsverlies en soms met (ernstige) ondervoeding. Ondervoeding heeft een nadelige invloed op weefselherstel na chemotherapie, radiotherapie en/of chirurgie. Het is van het grootste belang een optimale voedingstoestand te onderhouden door voldoende energie, eiwit en overige voedingsstoffen toe te dienen, zo mogelijk per os. Soms kan (nachtelijke) sondevoeding of totale parenterale voeding aangewezen zijn. Bij de start van de behandeling moet de energie- en eiwitbehoefte van het kind bepaald worden en tijdens de behandeling dient dit nauwkeurig gevolgd worden.

4.1 Inleiding

Oncologische aandoeningen bij kinderen zijn zeldzaam vergeleken met het voorkomen bij volwassenen. De aard van de tumoren is anders dan bij volwassenen. De behandeling is over het algemeen intensiever dan bij volwassenen en bestaat uit chemotherapie of meer gerichte therapie (zoals immunotherapie), radiotherapie en/of chirurgie. Bij de behandeling komen problemen naar voren die bij

M.D. van de Wetering (✉) · M.E. Dijsselhof
Emma Kinderziekenhuis/AMC, Amsterdam, The Netherlands

© Bohn Stafleu van Loghum, onderdeel van Springer Media B.V. 2017   49
M. Former et al. (Red.), *Informatorium voor Voeding en Diëtetiek*,
DOI 10.1007/978-90-368-1774-5_4

volwassenen en kinderen dezelfde zijn, maar die zich bij kinderen duidelijker kunnen manifesteren. Een kind is geen kleine volwassene, maar een mens in lichamelijke en geestelijke ontwikkeling.

Alle kinderen met kanker worden centraal in Nederland geregistreerd (SKION, Stichting KInderOncologie Nederland) en volgen dan een nationaal of internationaal protocol (www.skion.nl).

4.2 Soorten tumoren

Tumoren bij kinderen zijn te verdelen in leukemie, lymfeklierkanker, hersentumoren en solide tumoren (Berg en Wetering 2009). In Nederland wordt per jaar bij 500 kinderen jonger dan 18 jaar kanker gediagnosticeerd.

4.2.1 Leukemie

Leukemie is de meest voorkomende vorm van kanker bij kinderen en bedraagt circa 30 % van het totaal (150 kinderen per jaar). Er komen verschillende vormen van leukemie voor. De belangrijkste groep is de acute lymfatische leukemie (ALL), circa 80 % (120 patiënten per jaar). De overige 20 % (30 patiënten per jaar) bestaat uit acute myeloïde leukemie (AML), ook wel acute niet-lymfatische leukemie genoemd, en de zeldzaam voorkomende chronische myeloïde leukemie (CML). De symptomen van leukemie zijn vermoeidheid, bleekheid, botpijnen, lymfeklierzwellingen, lever- en miltvergroting en versterkte bloedingsneiging. Deze symptomen hoeven niet allemaal aanwezig te zijn om aan de diagnose te denken (Wetering en Zwaan 2000).

De prognose is afhankelijk van de vorm van leukemie. Acute leukemie wordt in verschillende groepen ingedeeld op basis van immunologische en cytogenetische kenmerken, en hun respons op therapie. De meest voorkomende is de 'common' lymfatische leukemie met een genezingspercentage van meer dan 95 % in de standaardrisicogroep en circa 80 % in de middenrisicogroep, waarbij de hoogrisicogroep tot een 5-jaarsoverleving komt van maximaal 60 %. De andere vormen ANLL en CML hebben een andere genezingskans, maar ook daarvan is de prognose niet slecht.

De behandeling is in eerste instantie met chemotherapie, waarbij een combinatie van geneesmiddelen gebruikt wordt. Bij bepaalde vormen van leukemie is gerichte therapie mogelijk tegen de fout in de cel waaruit de leukemie ontstaan is. Bijvoorbeeld in de Philadelphia positieve leukemie wordt imatinib (Glivec®) gegeven, met heel goed resultaat. Het eerste deel van de behandeling wordt inductie genoemd en is gericht op het in remissie brengen van het beenmerg. Zodra remissie bereikt is, volgt een profylactische behandeling van het centraal zenuwstelsel met hoge doses methotrexaat en intrathecale cytostatica. Daarna volgt een reïnductie en onderhoudsbehandeling, afhankelijk van de respons van de leukemie en de verdere stratificatie. De behandeling duurt twee jaar voor acute lymfatische leukemie en bij bepaalde genetische afwijkingen wordt er zelfs drie jaar behandeld. Voor de acute niet-lymfatische leukemie wordt een veel kortere, maar zeer intensieve chemotherapeutische behandeling gegeven. Dit duurt vier tot zes maanden (Wetering en Zwaan 2000).

CML bij kinderen komt heel weinig voor (< 2%) en hier wordt gerichte therapie gegeven met imatinib en hierna, bij remissie, volgt een allogene beenmergtransplantatie.

4.2.2 Lymfeklierkanker

Onder lymfeklierkanker wordt een grote groep van kwaadaardige aandoeningen gerekend. Dit zijn onder andere de ziekte van Hodgkin en ook het non-Hodgkin-lymfoom (NHL). Deze groep vormt in totaal circa 12 % van de tumoren (ca. 60 kinderen) die voorkomen op de kinderleeftijd. De symptomen zijn meestal lymfeklierzwellingen, algehele malaise en klachten die afhankelijk zijn van de lokalisatie. Afhankelijk van het stadium van de ziekte variëren de behandeling en de prognose; dat geldt voor zowel de ziekte van Hodgkin als voor het non-Hodgkin-lymfoom. Radiotherapie en chemotherapie is bij beide ziekten de basis van de behandeling.

Bij de ziekte van Hodgkin is er bij kinderen een internationaal protocol, waarbij er juist wordt gestreefd naar het zo min mogelijk geven van radiotherapie in verband met late effecten ervan. Daarom wordt bij alle stadia van het Hodgkin-lymfoom een intensieve chemotherapie gegeven en daarna een vroege respons gemeten (met een FDG-PET-scan). Als deze respons goed is, wordt aan het einde van de chemotherapie geen radiotherapie meer gegeven. Afhankelijk van het stadium zal de patiënt meer of minder chemotherapie krijgen. De prognose is over het algemeen goed. Bij bijvoorbeeld een gelokaliseerd proces (stadium I) is een genezing van meer dan 90 % te bereiken. Dit percentage daalt met het stadium, maar is nog steeds redelijk goed bij een stadium IV Hodgkin.

Bij het non-Hodgkin-lymfoom (NHL) is een verdeling te maken tussen B-cel-lymfomen en non-B-cel-lymfomen. De B-cel-lymfomen zijn Burkitt-achtige tumoren, tumoren die een hoge delingssnelheid hebben. Daarom is intensieve chemotherapie noodzakelijk en bij hoger risico Burkitt-lymfomen wordt celgerichte therapie erbij gegeven (anti-CD-20-therapie = rituximab). De toxiciteit bij deze behandeling is hoog door de intensiviteit van de chemotherapie, maar de prognose is goed (ook bij hogere stadia B-cel-lymfomen). De duur van de behandeling varieert van gemiddeld vier tot acht maanden.

De non-Hodgkin-lymfomen zijn bij kinderen voor het grootste deel T-cel-lymfomen. Deze kinderen presenteren zich vaak met een mediastinale massa. Als er beenmerguitbreiding is met meer dan 20 % blasten, spreken we van een T-cel-leukemie. De behandeling van het NHL is vergelijkbaar met de leukemiebehandeling en duurt gemiddeld twee jaar. De overleving is redelijk tot goed, afhankelijk van de uitgebreidheid van de ziekte en eventuele betrokkenheid van het centraal zenuwstelsel.

De problemen met de voeding zijn afhankelijk van de intensiteit van de chemotherapeutische behandeling en van een eventuele radiotherapeutische behandeling op het maag-darmkanaal.

4.2.3 Hersentumoren

De groep kinderen in Nederland die gediagnosticeerd wordt met een hersentumor is ca. 120 kinderen per jaar. De hersentumoren presenteren zich met een diverse maligniteitsgraad, waarbij hooggradige en laaggradige tumoren onderscheiden kunnen worden. Hooggradige tumoren hebben een kwaadaardig karakter omdat ze snel delen, laaggradige tumoren hebben een trage delingssnelheid en hebben dus veel minder een kwaadaardig karakter. Circa 25 % van de hersentumoren is laaggradig en dat zijn voornamelijk pilocytair astrocytomen (vaak een tumor in de buurt van de oogzenuw of in de kleine hersenen). De meer hooggradige tumoren zijn de medulloblastomen (15 %) (een jonge vorm van een tumor = blastoom, ontstaan uit voorloperhersencellen = medullo), ependymomen (10 %) (een tumor die ontstaat uit de bekleding van de holten van de hersenen = ependym), hersenstamgliomen en hooggradige gliomen (15 %) (ontstaan uit de steuncellen die zenuwcellen voeden en zijn zeer kwaadaardig), en rhabdoïde tumoren (2 %) (ontstaan uit voorlopercellen die eigenlijk geen hersencellen maar gezonde lichaamscellen hadden moeten worden; dit zijn bij uitstek agressieve tumoren die met intensieve behandeling een kleine kans op genezing hebben). Daarnaast is er een overige groep met een diversiteit van tumoren.

De klachten waarmee een patiënt zich presenteert, zijn afhankelijk van de lokalisatie van de hersentumor. Bij een tumor in de kleine hersenen kunnen er evenwichtsstoornissen en oogbewegingsstoornissen voorkomen, bij een tumor in de grote hersenen kan er uitval ontstaan van motoriek van armen en benen, en kunnen convulsies optreden. Er kunnen veel verschillende symptomen optreden, maar bij symptomen als ochtendbraken en nachtelijke hoofdpijn moet men alert zijn. Bij kleine kinderen zijn de symptomen nog vager en kan slecht eten en drinken, een afbuigende groeicurve en huilerigheid een aanwijzing zijn dat er sprake is van een hersentumor.

De behandeling van hersentumoren bestaat uit neurochirurgie en/of radiotherapie en/of chemotherapie, afhankelijk van het type tumor, de locatie van de tumor, eventuele uitzaaiingen en de leeftijd van het kind.

4.2.3.1 Pilocytaire astrocytomen

De laaggradige tumoren zijn meestal pilocytaire astrocytomen. De behandeling is het chirurgisch verwijderen van de tumor. Meestal kan daarna een afwachtend beleid gevoerd worden. Bij groei wordt overwogen of heroperatie mogelijk is en wordt daarna doorgegaan met een onderhoudsschema chemotherapie.

Door de plaats waar deze tumoren gelokaliseerd zijn, bijvoorbeeld bij de hypofyse/hypothalamus, kunnen zeer grote voedingsproblemen ontstaan. Er kan bij meedoen van de hypothalamus tevens vraatzucht optreden, waarbij zeker voedingsadviezen noodzakelijk zijn.

4.2.3.2 Medulloblastomen

De behandeling van het medulloblastoom (hooggradige hersentumor) bestaat initieel uit neurochirurgische behandeling. Het verwijderen van de tumor is essentieel. Is er een tumorrest dan spreken we van een hoogrisicogroep medulloblastomen. Daarna wordt bestraling uitgevoerd op zowel de hersenen als het ruggenmerg met een extra dosering op de plaats waar de tumor zat. Kleine kinderen (<4 jaar) worden idealiter niet of heel beperkt bestraald in verband met alle late effecten van radiotherapie.

Na de bestraling volgt chemotherapie gedurende gemiddeld één jaar. De overlevingskans bij kinderen met een totaal verwijderde tumor en volledig doorlopen behandelprotocol is goed, circa 70–80 %. Bij tumorrest en/of uitzaaiingen daalt deze kans echter aanzienlijk. De behandeling is zwaar en een goede voedingstoestand is van wezenlijk belang.

4.2.3.3 Ependymomen

De behandeling van ependymomen bestaat uit chirurgische verwijdering van de tumor met daarna radiotherapie. Tegenwoordig wordt ook intensieve chemotherapie gegeven. Bij jonge kinderen probeert men soms radiotherapie achterwege te laten en naast chirurgie alleen chemotherapie te geven. Het genezingspercentage van ependymomen ligt rond 60 %, afhankelijk van de histologie, de uitgebreidheid en de leeftijd van het kind.

4.2.3.4 Ponsgliomen

De ponsgliomen, tumoren uitgaande van de hersenstam, hebben een zeer slechte prognose. Radiotherapie verbetert meestal wel de kwaliteit van leven. Verder wordt deze kinderen aangeboden in studies mee te doen, waarbij het blijft zoeken naar de meest succesvolle behandeling. Een rhabdoïde tumor (ATRT) komt vaak voor bij zeer jonge kinderen en behoeft naast chirurgie een zeer intensief chemotherapietraject en afsluiting met radiotherapie. De curatiekans is klein. Bij beide vormen leidt de slechte conditie van het kind automatisch tot slechte voedingsinname, dus ook hier zijn voedingsadviezen vanaf de start van de behandeling noodzakelijk.

4.2.4   Solide tumoren

In Nederland worden circa 125 kinderen per jaar gediagnosticeerd met een vorm
van kanker uitgaande van een orgaan. Deze groep van tumoren is specifiek voor de
kinderleeftijd. Een deel van deze tumoren gaat uit van blasteem, nog onvolgroeid
embryonaal weefsel. Dit zijn onder andere de nefroblastomen en de neuroblasto-
men. Daarnaast komen sarcomen voor, waarbij het meest voorkomend de wekede-
lensarcomen en de botsarcomen zijn.

4.2.4.1   Nefroblastomen

In Nederland worden circa twintig kinderen per jaar met een nefroblastoom gediagnosticeerd. Het nefroblastoom is een gezwel dat uitgaat van de nier. De symptomen variëren van een opgezette buik en hematurie tot een bij toeval gevoelde
tumor in de buik. De multidisciplinaire behandeling bestaat uit chemotherapie en
chirurgie, en bij circa 12 % van de kinderen ook radiotherapie. Een genezingspercentage van meer dan 90 % wordt bereikt. Deze kinderen hebben over het algemeen een goede voedingstoestand, maar de gegeven chemotherapie kan tot een
verminderde intake leiden waardoor voedingsadviezen noodzakelijk zijn.

4.2.4.2   Neuroblastomen

De frequentie van voorkomen van het neuroblastoom is circa dertig patiënten per
jaar. Het neuroblastoom gaat uit van het sympathisch zenuwstelsel. Dit wordt
gevonden aan beide kanten langs het gehele wervelkanaal in de grensstreng, in de
paraganglia en in het bijniermerg. De te verwachten symptomen zijn afhankelijk
van de primaire lokalisatie. De prognose is afhankelijk van het stadium.

De meest uitdagende groep patiënten zijn de kinderen >1 jaar die zich presenteren met een stadium IV neuroblastoom, het hoogste stadium. De behandeling
bestaat dan uit intensieve chemotherapie en bij een goede respons (d.w.z. als er
nog minimale residuale ziekte aanwezig is) wordt aan het einde van de therapie
een autologe beenmergtransplantatie gegeven. De behandeling wordt daarna voortgezet met zes maanden immunotherapie. Met het geven van immunotherapie is de
prognose van neuroblastoom stadium IV toegenomen, maar dit blijft een uitdagende groep patiënten. Ook wat betreft ondersteunende behandeling hebben deze
kinderen veel zorg nodig. Goede voedingsadviezen zijn een absolute noodzaak.

4.2.4.3   Sarcomen

Het rhabdomyosarcoom komt bij circa 8 % van het totaal aantal kinderen met
tumoren voor. De naam blastoom zou beter zijn, aangezien deze tumoren meestal

voorkomen bij zeer jonge kinderen (jonger dan 4 jaar). De tumor ontstaat uit zeer jong weefsel, zoals dat in de zich ontwikkelende vrucht voorkomt en daar verwijst de term blastoom naar. De tumor gaat uit van spierweefsel. Dit gezwel wordt als sarcoma botryoides gevonden in holle organen, zoals de blaas, de vagina, de uterus, de galblaas en de neus- en keelholte. De symptomen die zich kunnen voordoen zijn afhankelijk van de lokalisatie.

De behandeling bestaat uit chemotherapie, radiotherapie en chirurgie, in verschillende combinaties. De prognose is sterk afhankelijk van de locatie van de tumor. Met hulp van internationale protocollen en verbeterde chirurgische en radiotherapeutische mogelijkheden is de prognose de afgelopen jaren aanzienlijk verbeterd.

Voedingsproblematiek gedurende de behandeling is sterk afhankelijk van de locatie van het rhabdomyosarcoom. Vooral bij rhabdomyosarcomen van het hoofd-halsgebied wordt geanticipeerd op voedingsproblematiek.

De meest voorkomende bottumoren op de kinderleeftijd zijn het osteosarcoom en het Ewing-sarcoom. Beide worden na een biopt voorbehandeld met chemotherapie. Bij het osteosarcoom wordt dat gevolgd door chirurgie, waarbij de tumor radicaal verwijderd moet worden. Dat kan een amputatie noodzakelijk maken of een lokale resectie. Er wordt steeds meer 'sparend' te werk gegaan door verbeterde chirurgische mogelijkheden. Het genezingspercentage ligt tussen de 60 en 70 %. Longmetastasen zijn het grootste risico.

Het Ewing-sarcoom gaat vooral uit van de platte botten, in tegenstelling tot het osteosarcoom dat veelal van de lange pijpbeenderen uitgaat. Het Ewing-sarcoom kan verwijderd worden, maar ook radiotherapie wordt toegepast als resectie niet mogelijk is of te mutilerend zou zijn. Het osteosarcoom is veel minder radiotherapiegevoelig. Bij bestraling van de bekkenbeenderen kan er ernstige problematiek van de darmen optreden als deze in het bestralingsveld zijn gelegen. Ook hierbij is het essentieel voedingsadviezen hierop af te stemmen.

4.3   Behandelingen

De soort behandeling is afhankelijk van de aard van de aandoening. In deze paragraaf worden de verschillende mogelijkheden toegelicht.

4.3.1   Chemotherapie

Chemotherapie is de behandeling met celdodende of celdelingremmende medicijnen, cytostatica genoemd. Chemotherapie wordt vaak gedurende een langere periode gegeven. Ook als er geen activiteit van de ziekte meer aangetroffen wordt, dient er toch nog behandeld te worden. Vaak is het zo dat er dan nog een paar levende kankercellen aanwezig zijn, die met onderzoek niet meer zichtbaar zijn. Gebleken is dat dergelijke medicijnen een beter resultaat met het oog op genezing opleveren, als ze langer worden toegediend.

Chemotherapie geeft bijwerkingen, zoals anorexie, smaakveranderingen, misselijkheid, braken, mucositis, droge mond, diarree en/of obstipatie. Deze klachten zijn aanwezig tijdens de chemokuur en enige dagen daarna. In deze periode gaat het eten meestal moeizaam, maar met veel zorg moet worden geprobeerd voeding te geven om ondervoeding te voorkomen.

4.3.2   Chirurgie

Een chirurgische ingreep kan op verschillende manieren worden uitgevoerd. Er kan bijvoorbeeld een stukje afwijkend weefsel worden verwijderd om te kijken wat het is (biopt), of afwijkend weefsel kan in zijn geheel verwijderd worden (excisie = uitsnijden). Het kan soms nodig zijn om een grote snede te maken om te opereren, maar als het kan wordt er gebruikgemaakt van minimale invasieve chirurgie.

4.3.3   Radiotherapie

Radiotherapie is een plaatselijke behandeling van kanker door middel van straling. De straling vernietigt de kankercellen. Het is onderdeel van de behandeling bij allogene of autologe beenmergtransplantaties in de vorm van totale lichaamsbestraling.

Bestraling van de buik kan leiden tot beschadiging van het snel delende darmepitheel. Het resorberende oppervlak wordt daardoor kleiner, waardoor voedingsstoffen minder goed opgenomen worden. De darmbeschadiging kan aanleiding geven tot diarree en buikpijn.

4.3.4   Stamceltransplantatie

Bij een stamceltransplantatie wordt het beenmerg in het lichaam vervangen. Beenmerg is een vloeibare substantie die zich in de mergholte bevindt. In het beenmerg worden de cellen van het bloed gevormd: rode bloedcellen, witte bloedcellen en bloedplaatjes. Dit gebeurt doordat er in het beenmerg jonge voorlopercellen zijn (stamcellen), die niets anders doen dan nieuwe jonge cellen produceren. Deze nieuwe jonge cellen rijpen uit en verplaatsen zich naar de bloedbaan om daar hun definitieve functie te gaan vervullen.

Transplantaties worden enerzijds uitgevoerd met stamcellen die van een donor afkomstig zijn (allogene transplantatie). Daarbij worden eerst met behulp van een zware voorbehandeling, met chemotherapie en immuuntherapie, de jonge eigen voorlopercellen vernietigd. De stamcellen van een donor zullen zich vervolgens nestelen in de beenmergholte om daar voor de productie van nieuwe jonge cellen en de aanmaak van bloed te zorgen. Deze vorm van stamceltransplantatie wordt toegepast bij kinderen met leukemie, die onvoldoende reageren op chemotherapie.

Anderzijds wordt soms als onderdeel van de behandeling eigen beenmerg van de patiënt ingevroren, om na behandeling met hoge dosis chemotherapie weer te worden teruggeven (autologe transplantatie).

4.3.5 Ondersteunende behandeling en leefregels

Ondersteunende behandelingen en leefregels zijn erop gericht om bijwerkingen, complicaties en ongewenste gevolgen van een ziekte en de behandeling te voorkomen, verzachten of behandelen. In de beste vorm biedt het te allen tijde comfort en verbetering van de situatie.

Hierna wordt een aantal ondersteunende maatregelen besproken (Voûte et al. 2005; Wetering en Schouten-van Meeteren 2011).

– *Voeding/mondverzorging*. Onder andere door chemotherapie kan de mondholte beschadigd raken en daardoor pijnlijk zijn of vatbaar voor infecties. Hiervoor kan het nodig zijn om bijvoorbeeld een mondspoeling te gebruiken naast de gewone mondverzorging, maar ook pijnbestrijding of antibiotica kan uitkomst bieden. Voedselinname kan bemoeilijkt worden door verminderde eetlust, mondholtebeschadiging of de onmogelijkheid om (voldoende) voeding in te nemen.
– *Centraalveneuze lijnen*. Er wordt een centrale lijn geplaatst. Over een dergelijk infuussysteem zijn chemotherapie (of voeding) gemakkelijker te geven.
– *Leefregels*. Leefregels (onder andere 'kiemarme voeding') tijdens behandeling zijn gericht op het voorkómen van infecties, maar ook op het onderhouden van een goede voedingstoestand en goede mondverzorging.
– *Tegen misselijkheid/braken*. Er is een aantal medicijnen tegen deze bekende bijwerkingen van chemotherapie en bestraling. De wijze van toediening, de ernst en de duur van de klachten bepalen welke medicatie gekozen wordt.
– *Pijnstilling*. Een tumor, de behandeling of een ingreep kan pijn met zich meebrengen die adequate pijnstilling behoeft. Dit kan, afhankelijk van de ernst van de pijn maar ook bijvoorbeeld de locatie en de duur ervan, op verschillende manieren nagestreefd worden.
– *Bloedproducten toedienen*. Door de ziekte zelf, maar ook door de behandeling kan het soms nodig zijn om het op peil houden van de bloedcellen te ondersteunen door transfusies te geven. Hierbij zullen door een infuussysteem rode bloedcellen of bloedplaatjes of andere stollingsbloedproducten gegeven worden.

– *Orgaanspecifieke ondersteuning.* Bij het starten van een behandeling kan het soms nodig zijn om de organen te ondersteunen bij het uitvoeren van hun functie. Een voorbeeld hiervan zijn de nieren die door het kapot gaan van veel (tumor)cellen bij het starten van chemotherapie soms niet goed meer kunnen functioneren. Met behulp van medicatie en vocht kan dit over het algemeen voorkomen worden.

– *Voorkómen van infecties.* Het gebruik van antibiotica ten tijde van een verminderde eigen afweer is van belang, maar ook het voorkomen van langdurig direct contact met zieke mensen in de omgeving.

4.4   Voedingsinterventies

4.4.1   Voedingstoestand/nutritional assessment

Bij circa 20 % van alle kinderen die in een ziekenhuis worden opgenomen, komt ondervoeding voor. Van de kinderen met een oncologische aandoening heeft 35 % bij het starten van de behandeling al gewichtsverlies en 17 % verlies van spiermassa. Tijdens de behandeling komt ondervoeding vaak voor. Dit percentage varieert van 0–50 %, afhankelijk van de soort tumor, het stadium van de ziekte en de soort behandeling (Jones et al. 2010). Het hoogste ondervoedingspercentage komt voor bij het medulloblastoom en neuroblastoom (Brinksma et al. 2015).

Ondervoeding is een voedingstoestand waarbij door een tekort aan energie, eiwit of andere nutriënten meetbaar nadelige effecten ontstaan op lichaamsvorm, functie en medische uitkomst. De gevolgen van ondervoeding zijn bij kinderen divers: toename van het infectierisico en toename van het risico op ulcera, verminderde wondgenezing, verminderde spierkracht, meer (postoperatieve) complicaties, vaker behandeling op een intensive care, langere opnameduur en verhoogde mortaliteit. Specifiek voor kinderen is dat ondervoeding kan leiden tot groeivertraging met mogelijk verlies van eindlengte, vertraagde puberteit en een verminderde cognitieve ontwikkeling (Hanigan en Walter 1992).

Bij kinderen kan er onderscheid gemaakt worden tussen acute ondervoeding en chronische ondervoeding (zie kader 1). Bij acute ondervoeding daalt het gewicht, maar is de lengtegroei (nog) niet achtergebleven ('wasting'). Bij chronische ondervoeding is er sprake van een achterstand in de lengtegroei van het kind ('stunting'). Bij kinderen met kanker kunnen beide vormen van ondervoeding voorkomen (Hulst et al. 2010).

Kader 1 Definitie van ondervoeding bij kinderen
Acute ondervoeding:
< 1 jaar: gewicht naar leeftijd SD < -2
> 1 jaar: gewicht naar lengte SD < -2
of:
afbuiging van 1 SD in 3 maanden
Chronische ondervoeding:
lengte naar leeftijd SD < -2
of:
< 4 jaar: afbuiging lengte 0,5–1 SD of meer in 1 jaar
> 4 jaar: afbuiging lengte 0,25 SD of meer in 1 jaar

De volgende antropometrische eenheden kunnen gebruikt worden voor het vaststellen van ondervoeding bij kinderen (Gerver en Bruin 2010):

– gewicht en/of lengte (afbuiging van het groeidiagram);
– schedelomtrek bij kinderen < 2 jaar;
– spierkracht, gemeten door middel van handknijpkracht;
– bovenarmomtrek, eventueel kuitomtrek;
– huidplooimetingen of bio-elektrische impedantie-analyse (BIA);
– bovenarmlengte, onderbeenlengte en/of spanwijdte.

Bij evaluatie van het gewicht moet rekening gehouden worden met de tumormassa die het gewicht kan maskeren. Tevens kan hyperhydratie het gewicht vertekenen. De bovenarmomtrek is een goed alternatief voor het gewicht/de BMI bij kinderen met oedeem of wanneer het meten van gewicht en lengte niet mogelijk is. Het bepalen van de voedingstoestand is van groot belang om te kunnen vaststellen welke kinderen risico lopen op ondervoeding of overgewicht/ongewenste gewichtstoename, zodat men tijdig kan ingrijpen als dat nodig is. Voor meer informatie zie hoofdstuk *Ondervoeding bij kinderen*.

4.4.2 Voedingsbehoefte/dieetkenmerken

Na de beoordeling van de voedingstoestand wordt de voedingsbehoefte vastgesteld. Deze betreft de hoeveelheid energie, eiwit, vezel, vocht, vitaminen, mineralen en sporenelementen waarin een adequaat voedingsadvies moet voorzien (Vogel et al. 2016).

De energiebehoefte bij kinderen kan berekend worden met de Schofieldformule (www.stuurgroepondervoeding.nl). Deze is oorspronkelijk door de Wereldgezondheidsorganisatie (WHO) ontwikkeld. Er wordt onderscheid gemaakt tussen verschillende leeftijdsklassen. In de literatuur zijn nog geen overtuigende bewijzen geleverd welke formule (op basis van alleen gewicht of op basis van zowel lengte als gewicht) de meest nauwkeurige is voor het berekenen van het rustmetabolisme bij zieke kinderen.

Het lijkt erop dat de formule van Schofield met lengte en gewicht de meest nauwkeurige is bij het berekenen van het rustmetabolisme bij zieke en gezonde kinderen, vergeleken met andere formules.

De totale energiebehoefte van een gezond kind bestaat uit het rustmetabolisme, de mate van fysieke activiteit, de ziektefactor en de groei van het kind. Bij oncologische aandoeningen moet rekening gehouden worden met de fase van de ziekte waarin het kind zich bevindt, veranderingen in de behoefte ten gevolge van de ziekte zelf, medicatie, veranderingen in de activiteit van het kind, eventuele toename of afname van verliezen en inhaalgroei.

Bij oncologische kinderen wordt geadviseerd bij de Schofield-formule geen toeslagen voor ziektefactor en inhaalgroei te berekenen. Een te hoge inschatting van de energiebehoefte kan leiden tot een sterke gewichtstoename en zal daarmee bijdragen aan toename van het vetpercentage. Gedurende de behandeling dient wel steeds het meerekenen van ziektefactor en/of inhaalgroei overwogen te worden. Voor meer informatie zie hoofdstuk *Ondervoeding bij kinderen*.

Om te voorkomen dat eiwit als energiebron wordt gebruikt, is het van belang dat de energie- en eiwitinname op elkaar zijn afgestemd (uitgedrukt in de eiwit/energieratio). Daarvoor dient eerst de energiebehoefte bepaald te worden en vervolgens de eiwitbehoefte. Voor kinderen met acute ondervoeding wordt een voeding met 9–11,5 energie% eiwit geadviseerd. Voor chronisch ondervoede kinderen bij wie sprake is van lengtegroeiachterstand, moet de voeding 11–15 energie% eiwit bevatten, omdat voor lengtegroei meer eiwit nodig is. De richtlijn voor de minimale eiwitbehoefte voor kinderen vanaf 1 jaar is 1,2–1,5 g eiwit per kilogram.

Voor vitaminen en mineralen worden de Nederlandse Voedingsnormen (Gezondheidsraad) aangehouden. Afhankelijk van de gebruikte medicatie en cytostatica dienen voedingssupplementen gebruikt te worden, onder andere vitamine D en calcium bij gebruik van corticosteroïden. Voor visvetzuren (EPA, DHA) is geen evidence bij kinderen beschikbaar. De inname van visvetzuren kan gecontinueerd worden indien dit voor start van de behandeling ook reeds gebruikt werd. In geval van suppletie wordt geadviseerd tot maximaal 100 % van de aanbevolen dagelijkse hoeveelheden (ADH) voor kinderen te geven.

4.4.3   Praktische adviezen

4.4.3.1   Orale en enterale voeding

Bij zuigelingen kan, indien er sprake is van borstvoeding c.q. moedermelk, de voeding verrijkt worden met een kunstvoeding in poedervorm en zo nodig modules om in de verhoogde energie- en eiwitbehoefte te voorzien. Daarbij dienen de hygienerichtlijnen (bij afkolven en vooral bij bewerken) strikt gehanteerd te worden. Voor zuigelingen met kunstvoeding wordt vaak de voor de leeftijd gebruikelijke (kunst)voeding geconcentreerd en worden zo nodig modules (eiwit, koolhydraat en/of vet) toegevoegd. Ook kan gebruik worden gemaakt van een gebruiksklare energie- en eiwitverrijkte voeding voor zuigelingen. Concentreren, combineren en de toevoeging van modules moeten zorgvuldig gebeuren. De samenstelling van deze gemanipuleerde kunstvoeding kan door de diëtist worden berekend en zodanig voorgeschreven dat het voorschrift in het ziekenhuis en thuis foutloos en volgens de vereiste hygiënerichtlijnen wordt bereid (Oliveira Iglesias et al. 2007).

Voor de overige leeftijdsklassen worden in eerste instantie algemene energierijke en eiwitrijke adviezen gegeven (met gewone voedingsmiddelen als basis). Daarnaast zijn diverse drink- en sondevoedingen speciaal voor kinderen beschikbaar. Drinkvoeding is een vloeibare voeding die kan worden gegeven als volledige of als aanvullende voeding, die door het kind zelf kan worden gedronken. Drinkvoedingen zijn beschikbaar in verschillende soorten en smaken.

Sondevoeding is een vloeibare voeding die kan worden gegeven als volledige of als aanvullende voeding via een sonde. De samenstelling van de sondevoeding wordt aangepast aan de leeftijd en het gewicht van het kind, de plaats van de sonde, de voedingsbehoefte en de indicatie. Er kan gebruik worden gemaakt van voeding met een normale samenstelling of van (semi-)elementaire voeding, al dan niet met een hoge calorische densiteit of toevoeging van voedingsvezels.

De tolerantie van verrijkte kunstvoeding, drinkvoeding en sondevoeding is afhankelijk van de leeftijd, de conditie en het ziektebeeld van het kind. Doorgaans is bij de introductie van deze verrijkte voedingen geen opklimschema nodig ten aanzien van de inloopsnelheid. Uit de literatuur blijkt een positief effect op de voedingstoestand van vroegtijdig en langdurig voeden per sonde bij kinderen, zeker in intensieve fasen van een behandeling. Door gebruik te maken van een verrijkte voeding kan het te geven volume beperkt worden gehouden. Daarbij moet er wel op worden gelet dat de totale hoeveelheid vocht wordt gehaald.

Er zijn verschillende opties voor het toedienen van sondevoeding. Het voeden in porties benadert het normale (biologische) ritme van het kind. Bij kinderen die zelf maar onvoldoende eten, heeft aanvullende sondevoeding in de avonduren of 's nachts de voorkeur, mits het volume haalbaar is. De voordelen hiervan zijn dat het kind overdag meer bewegingsvrijheid heeft (school, spelen), dat er minder spanning heerst rond de maaltijden in het gezin en dat de eetlust overdag minder wordt geremd. Nadelen zijn eventuele complicaties tijdens slaap, zoals aspiratie door verschuiven of uittrekken van de sonde en een vol gevoel in de ochtend met verminderde eetlust aan het begin van de dag. Om dit te voorkomen en voor een goede nachtelijke rust van ouders en kind te zorgen, wordt vaak geadviseerd dat de ouders op het moment dat zij naar bed gaan de voeding verwisselen of indien mogelijk stoppen (Smith et al. 1992).

Als het maag-darmkanaal functioneert, heeft enterale voeding de voorkeur boven parenterale voeding. Bij aantasting van de slijmvliezen (bij mucositis/stomatitis) kan een (semi-)elementaire voeding uitkomst bieden (Mauer et al. 1990).

4.4.3.2 Totale parenterale voeding (TPV)

Intraveneuze toediening van voeding is geïndiceerd als kinderen enterale voeding niet verdragen of als er sprake is van (ernstige) malabsorptie waarbij de voedingsbehoefte onvoldoende gedekt wordt. Dit probleem doet zich in ieder geval voor bij mucositis ten gevolge van hoge-dosis-chemotherapie rondom stamcelreïnfusies. Voor kinderen in alle leeftijdsgroepen zijn parenterale voedingsoplossingen verkrijgbaar.

TPV heeft een hoge osmolariteit en moet in een grote lichaamsader worden toegediend. Er bestaan ook TPV's die perifeer toegediend mogen worden, maar deze bevatten dan vaak alsnog onvoldoende voedingsstoffen doordat de osmolariteit van die voedingen lager gehouden dient te worden. Hierdoor is perifere TPV geen langdurige oplossing voor toediening van voedingsstoffen.

4.5 Rol van de diëtist

Tijdens de behandeling bestaat het multidisciplinaire behandelteam uit onder andere een kinderoncoloog, verpleegkundig specialist, en eventueel een radiotherapeut, een (medisch) maatschappelijk werker, een pedagogisch medewerker, een educatief medewerker, een fysiotherapeut, een logopedist en/of een psycholoog.

De diëtist maakt ook deel uit van het multidisciplinaire behandelteam. De rol van de diëtist staat puntsgewijs beschreven in kader 2.

Kader 2 Diëtist bij de behandeling van kinderen met kanker

- Beoordeelt wekelijks de voedingstoestand en het groeidiagram (Talma en Schönbeck 2010).
- Bepaalt gewicht en lengte nauwkeurig bij diagnose en regelmatig tijdens de behandeling (lengte maandelijks, gewicht wekelijks).
- Zet gegevens van gewicht en lengte in groeidiagrammen en houdt gedurende de behandeling veranderingen in de voedingstoestand in de gaten.
- Maakt een inschatting van de voedingstoestand van het kind voor de diagnose door het kind en de ouders hiernaar te vragen of door gegevens uit het groeiboekje van het consultatiebureau te gebruiken.
  Een geleidelijke gewichtsverandering duidt veelal op een toename of afname van vet- of spiermassa. Snelle gewichtsveranderingen worden vaak veroorzaakt door veranderingen in de vochtbalans of, indien van toepassing, ook door verandering van de tumormassa.
- Bepaalt regelmatig de behoefte aan energie, eiwit, vocht en overige nutriënten passend bij de leeftijd van het kind.
- Evalueert regelmatig de voedingsinterventie met het gestelde doel in de fase van de ziekte.

- Neemt een voedingsanamnese af en herhaalt dit enkele malen tijdens het ziekteproces.
  Vaak bestaat volgens de ouders al voor diagnose een verminderde inname.
- Legt aan ouders, en zo mogelijk aan het kind uit, dat een kind weinig reserves heeft en de (intensieve) behandelingen de voedselinname en de voedingstoestand negatief beïnvloeden.
- Legt uit dat het voeden via een sonde geen straf is, maar een onmisbaar hulpmiddel om de inname van alle voedingsstoffen te halen en de druk van de intake van het kind af te halen.
- Start laagdrempelig (aanvullend) met sondevoeding wanneer de inname niet wordt gehaald.
  Indien zuigelingen/jonge kinderen langdurig gevoed worden met sondevoeding, treden vaker problemen met slikken of kauwen op en kan een voedselaversie worden ontwikkeld. Signaleert een eventueel eet- of drinkprobleem vroegtijdig en behandelt dit zo nodig multidisciplinair. Bewaakt de voortgang om verergering van het voedingsprobleem te voorkomen.
- Adviseert zo veel mogelijk beweging ten behoeve van behoud van vetvrije massa.
- Adviseert kiemarme voeding/hygiënische voedingsrichtlijnen in de neutropenische fase

Bron: Dalen et al. 2016

4.6   Tot besluit

Behandeling van een kind met een oncologische aandoening vindt veelal plaats volgens de landelijke richtlijnen van SKION. Dit is een landelijk samenwerkingsverband waarin kinderoncologen en andere professionals nauw samenwerken en waarbij er wordt gestreefd om de best beschikbare behandeling aan te bieden aan het kind en zijn ouders. SKION streeft naar landelijke protocollen voor iedere tumorsoort, participeert in diverse internationale protocollen en participeert in kankeronderzoek, uitgevoerd in (universitaire) research-instituten. Samen met de landelijke werkgroep LAngeTERmijneffecten na kinderkanker (LATER) geeft SKION informatie uit over de mogelijke late effecten van de behandeling van kinderkanker. Ook onderhoudt SKION contacten met Vereniging Ouders, Kinderen en Kanker (VOKK) (www.skion.nl).

De diëtist kan diverse voorlichtingsmaterialen inzetten. Deze materialen moeten afgestemd zijn op de leeftijd van het kind, de behandeling en de hulpvraag. In voorlichtingsmaterialen over chemotherapie wordt veelal Chemo-Kasper gebruikt, in materialen over radiotherapie is dat Radio-Robbie.

De diëtistische behandeling bij oncologische aandoeningen bij kinderen is van secundair, maar essentieel belang. Speciale aandacht voor de voeding ondersteunt het ziekteproces.

De voedingstherapie moet vaak in de thuissituatie gecontinueerd worden.

Literatuur

Berg, H. van den, & Wetering, M. van de. (2009). *Kinderen met kanker*. Meppel/Amsterdam: Boom.

Brinksma, A., Roodbol, P. F., Sulkers, E., Hooijmeijer, H. L., Sauer, P. J., Sonderen, E. van, et al. (2015). Weight and height in children newly diagnoses with cancer. *Pediatric Blood Cancer, 62,* 269–273.

Dalen, E. C. van, Mank, A., Leclercq, E., Mulder, R. L., Davies, M., Kersten, M. J., et al. (2016 Apr 24). Low bacterial diet to prevent infection in neutropenic patients. *The Cochrane Library, 4,* CD006247.

Gerver, W. J. M., & Bruin, R. de. (2010). *Paediatric morphometrics, a reference manual,* (3rd ed.). Maastricht: Universitaire Press Maastricht.

Hanigan, M. J., & Walter, G. A. (1992). Nutritional support of the child with cancer. *Journal of Pediatric Oncology Nursing, 9,* 110–118.

Hulst, J. M., Zwart, H., Hop, W. C., & Joosten, K. F. (2010). Dutch nation survey to test the STRONG$_{kids}$ nutritional risk screening tool in hospitalized children. *Clinical Nutrition, 29*(1), 106–111.

Jones, L., Watling, R. M., Wilkins, S., & Pizer, B. (2010). Nutritional support in children and young people with cancer undergoing chemotherapy. *Cochrane Database of Systematic Reviews,* (7). CD003298.

Mauer, A. M., Burgess, J. B., Donaldson, S. S., Rickard, K. A., Stallings, V. A., Eys, J. van, et al. (1990). Special nutritional needs of children with malignancies: A review. *JPEN, 14,* 315–323.

Oliveira Iglesias, S. B. de, Leite, H. P., Santana e Meneses, J. F., & Carvalho, W. B. de. (2007). Enteral nutrition in critically ill children: Are prescription and delivery according to their energy requirements? *Nutrition in Clinical Practice, 22,* 233–239.

SKION supportive care werkgroep. (2015). Werkboek Ondersteunende behandeling in de Kinderoncologie. Amsterdam: SKION. Website www.skion.nl (epidemiologie en behandelprotocollen).

Smith, D. E., Handy, D. E., Holden, C. E., Stevens, M. C. G., & Booth, I. W. (1992). An investigation of supplementary nasogastric feeding in malnourished children undergoing treatment for malignancy: Results of a pilot study. *Journal of Human Nutrition and Dietetics, 5,* 85–91.

Stuurgroep ondervoeding. Website: www.stuurgroepondervoeding.nl.

Talma, H., & Schönbeck, Y. (2010). *Groeidiagrammen 2010: handleiding bij het meten en wegen van kinderen en het invullen van groeidiagrammen.* Leiden: TNO Kwaliteit van Leven.

Vogel, J., Beijer, S., Delsink, P., Doornink, N., Have, H. ten, & Lieshout, R. van. (2016). Kanker bij kinderen. In Dijsselhof, M. E., & Tummers-Boonen, M. (Red.), *Voeding bij kanker,* hoofdstuk 30, (pag. 585–603). Utrecht: De Tijdstroom.

Voûte, P. A., Barret, A., Stevens, M., & Caron, H. N. (Eds.). *Cancer in children clinical management* (5th ed.) chapter 8 Supportive care in cancer. Oxford university Press, 2005.

Wetering, M. D. van de, & Zwaan, Ch. M. (2000). Kanker bij kinderen. In Veenhof, C. H. N., & Voûte, P. A. (Red.), *Behandeling van kanker* (pag. 336–351). Houten: Bohn Stafleu van Loghum.

Wetering, M. D. van de, & Schouten-van Meeteren, N. Y. N. (2011). Supportive care for children with cancer. *Seminars in Oncology, 38,* 374–379.

Hoofdstuk 5
Voeding bij neuromusculaire aandoeningen

April 2017

J.C. Wijnen

Met dank aan dr. L. van den Engel, logopedist Radboudumc, en netwerkleden Diëtisten voor Spierziekten: mw. D. Schröder, mw. M. Rubay Bouman en mw. B. Rave.

Samenvatting Neuromusculaire aandoeningen ofwel spierziekten omvatten een groot aantal ziekten met verscheidenheid in oorzaak, symptomen en verloop. De meeste ziekten zijn zeldzaam, progressief en de multidisciplinaire behandeling is voornamelijk symptomatisch. De aard en ernst van voedingsgerelateerde problemen wordt duidelijk gemaakt aan de hand van drie ziektebeelden: amyotrofische laterale sclerose, myotone dystrofie type 1 en Duchenne-spierdystrofie. De specifieke aspecten van dysfagie, motiliteitsstoornissen, voedingsstoma, ademhalingsinsufficiëntie en secundaire problematiek op de voedingstoestand worden nader uitgewerkt. Kerndoelen van de diëtistische behandeling zijn het verbeteren/behouden van een goede voedingstoestand, goede groei en het verbeteren/behouden van de kwaliteit van leven evenals het verminderen van symptomen bij dysfagie en gastro-intestinale stoornissen.

5.1 Inleiding

Neuromusculaire aandoeningen (NMA) worden gemakshalve vaak spierziekten genoemd, maar feitelijk is die term onjuist. NMA omvatten niet alleen ziekten van de spier, maar ook alle aandoeningen van de perifere zenuw, het cellichaam van die zenuw (motorische voorhoorncel) en de verbinding tussen spier en zenuw (neuromusculaire overgang). Er zijn ruim zeshonderd neuromusculaire aandoeningen bekend. Die kunnen zowel erfelijk als verworven zijn, met een (zeer) langzaam of een snel progressief beloop.

J.C. Wijnen (✉)
Verbonden aan Spierziekten Nederland, Baarn, The Netherlands

© Bohn Stafleu van Loghum, onderdeel van Springer Media B.V. 2017
M. Former et al. (Red.), *Informatorium voor Voeding en Diëtetiek*,
DOI 10.1007/978-90-368-1774-5_5

De meeste ziekten zijn zeldzaam en kunnen zich op iedere leeftijd openbaren. Het aantal mensen met een neuromusculaire aandoening in Nederland wordt geschat op ruim 200.000. Het vinden van de juiste diagnose is belangrijk omdat er voor sommige ziekten een therapie beschikbaar is en omdat er informatie gegeven kan worden over erfelijkheid en toekomstverwachting.

Hoewel van steeds meer ziekten het gendefect of de oorzaak gevonden wordt, ligt genezing nog niet binnen handbereik. Revalidatiegeneeskundige behandeling en begeleiding in een gespecialiseerd centrum is onmisbaar. De laatste jaren worden in toenemende mate patiënten ook door diëtisten in de periferie begeleid. Het doel is, ondanks progressie, met geleidelijke uitbreiding van hulp en hulpmiddelen de kwaliteit van leven zo veel mogelijk te behouden. Bij de beschrijving van enkele ziektebeelden (par. 5.3) worden specifieke voedingsaspecten genoemd, die vervolgens nader worden uitgewerkt (par. 5.4).

5.2 Werking van spieren en zenuwen

Er zijn drie soorten spierweefsel: hartspierweefsel (wordt niet nader besproken), glad spierweefsel en dwarsgestreept spierweefsel. Het gladde spierweefsel wordt onwillekeurig aangestuurd door het autonome zenuwstelsel. Glad spierweefsel bevindt zich vooral in de wanden van organen en bloedvaten. Dwarsgestreepte spieren zijn voornamelijk skeletspieren die met pezen aan het skelet zijn bevestigd en zorgen voor de houding en beweging van het lichaam. Ze worden door het centrale zenuwstelsel aangestuurd. Dwarsgestreept spierweefsel vertoont onder de microscoop een dwarse streping die te maken heeft met de samentrekkende elementen in de spiercellen. De energie die nodig is voor de samentrekking van de spier wordt geleverd door adenosinetrifosfaat (ATP), creatinefosfaat en glycogeen.

Het centrale zenuwstelsel (hersenen en ruggenmerg) reguleert motorische activiteiten (bewegingen) van de spier en verwerkt zintuiglijke waarnemingen. Motorische neuronen zijn zenuwcellen met uitlopers (dendrieten en axonen). Vrijwel alle cellichamen van de motorische neuronen bevinden zich in het centrale zenuwstelsel. Het perifere zenuwstelsel is het daarbuiten gelegen netwerk van zenuwuitlopers. Het perifere zenuwstelsel vervoert zintuiglijke informatie via sensibele zenuwen naar het ruggenmerg en de hersenen, en het vervoert motorische impulsen van het centraal zenuwstelsel naar het lichaam (fig. 5.1).

Voor het maken van een beweging gaat een bewegingsimpuls vanuit de hersenen via de afdalende zenuwbaan naar het ruggenmerg. Deze impuls wordt via een schakelpunt, de motorische voorhoorncel in het ruggenmerg, door de perifere zenuwen verder geleid. De impuls wordt aan het eind van de zenuw via de synaps (contactplaats) aan de spier overgedragen. De zenuwuiteinden geven daartoe een neurotransmitterstof (acetylcholine) af, die zich kortdurend bindt aan ontvangende receptoren van de spier. Er ontstaat een elektrische prikkel die leidt tot het samentrekken van de spier, waardoor de spier in beweging komt (fig. 5.2).

Het geheel van perifere motorische neuronen, synapsen en (dwarsgestreepte) spieren wordt het neuromusculaire systeem genoemd.

5.3   Spierziekten

Er bestaat een grote verscheidenheid aan spierziekten. De indeling in kader 1 is ontleend aan Spierziekten Nederland. Het kader bevat slechts enkele van de circa 130 ziektebeelden die onder de doelstellingen van Spierziekten Nederland vallen. Ziekten, zoals multipele sclerose (MS), de ziekte van Parkinson en de ziekte van Huntington, zijn neurodegeneratieve aandoeningen waarvan de oorsprong in de hersenen ligt. Deze ziektebeelden worden beschreven in aparte hoofdstukken.

Kader 1 Globale indeling spierziekten

- Ziekten van de motorische voorhoorncel: bijvoorbeeld amyotrofische laterale sclerose (ALS), spinale musculaire atrofie (SMA) en het postpoliosyndroom.
- Ziekten van de zenuwwortel en perifere zenuw: bijvoorbeeld het Guillain-Barré-syndroom (GBS), (erfelijke) polyneuropathieën, zoals hereditaire motorische en sensibele neuropathieën (HMSN), chronische idiopathische axonale polyneuropathie (CIAP) en multifocale motore neuropathie (MMN).
- Ziekten van de neuromusculaire overgang tussen zenuw en spier: bijvoorbeeld myasthenia gravis (MG) en het myastheen syndroom van Lambert-Eaton (LEMS).
- Ziekten van de skeletspier zelf:
  - spierdystrofieën, bijvoorbeeld Duchenne-spierdystrofie (DMD) en Becker-spierdystrofie (een milde variant van DMD), limb girdle dystrofie, facioscapulohumerale dystrofie (FSHD) en oculofaryngeale spierdystrofie (OPMD);
  - spiermyotonieën, bijvoorbeeld myotone dystrofie (MD);
  - congenitale myopathieën, bijvoorbeeld central core disease en nemalinemyopathie;
  - metabole myopathieën, bijvoorbeeld glycogeenstapelingsziekten (ziekte van Pompe en ziekte van McArdle) die niet met een dieet beïnvloedbaar zijn en ziekten van de mitochondriële ademhalingsketen.

Betrokken spieren

De dwarsgestreepte, willekeurige skeletspieren van armen, benen en/of de romp zijn het meest betrokken bij de ziekten die in dit hoofdstuk behandeld worden. Ook de dwarsgestreepte spieren van mond, keel en proximale slokdarm kunnen

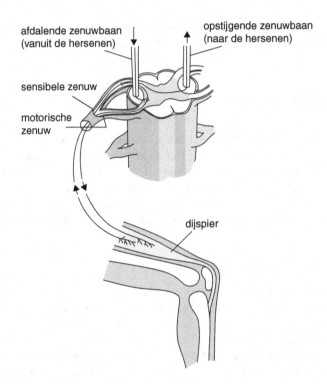

Figuur 5.1 Het motorisch systeem

bij een aantal ziekten aangedaan zijn. Bij sommige ziekten kunnen de ademhalingsspieren zwakker worden. Dit leidt op den duur tot hypoventilatie en koolzuurstapeling met overlijden als gevolg. Ondersteuning van de ademhaling door beademing kan, wanneer daarvoor gekozen wordt, de levensverwachting flink verlengen. Ook de hartspier kan aangedaan raken, met name bij DMD, Beckerspierdystrofie en MD. Dit kan zich uiten als een cardiomyopathie of als ritmeof geleidingsstoornissen. De oogspieren kunnen betrokken zijn bij MG en bij mitochondriële ziekten. De gladde spieren van met name de maag- en darmwand zijn in wisselende mate betrokken: meestal weinig of niet, soms heel duidelijk, zoals bij myositis, DMD, MD en mitochondriële ziekten.

Enkele neuromusculaire aandoeningen nader belicht

In het vervolg van deze paragraaf worden drie ziektebeelden nader belicht:

– amyotrofische laterale sclerose (ALS) (par. 5.3.1);
– myotone dystrofie type 1 (par. 5.3.2);
– Duchenne-spierdystrofie (Duchenne Muscular Dystrophy, DMD) (par. 5.3.3).

Deze drie ziektebeelden zijn gekozen omdat ze binnen Spierziekten Nederland relatief vaak voorkomen, omdat tal van disciplines er (medisch-)wetenschappelijk

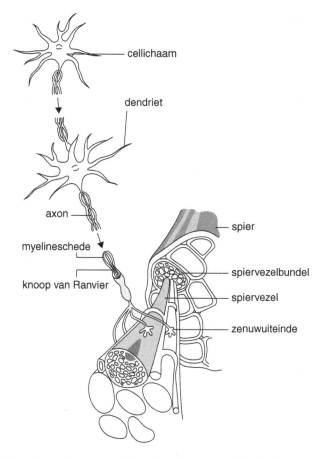

Figuur 5.2 Dwarsdoorsnede van een skeletspier en van zenuwcellen die de spier aansturen

onderzoek naar doen en omdat deze ziekten als het ware een modelrol vervullen.
Zo kan kennis over ALS ook van belang zijn voor andere ziekten van de motorische voorhoorncel. De drie ziekten schetsen gezamenlijk een beeld van de problematiek, zoals die bij NMA kan voorkomen.

5.3.1 Amyotrofische laterale sclerose (ALS)

ALS is een progressieve, fatale aandoening die leidt tot onvoldoende of het niet
functioneren van de spieren door het afsterven van motorische neuronen in de her-
senschors, het ruggenmerg en de hersenstam. De incidentie van ALS bedraagt tussen 1,4 en 3 patiënten per 100.000 mensen per jaar. De prevalentie in Nederland is

ongeveer 1400 mensen. Dat betekent dat in Nederland de diagnose ieder jaar bij 400 tot 500 personen wordt gesteld. Op jongere leeftijd komt ALS vaker voor bij mannen dan bij vrouwen. Boven 65 jaar is dit verschil verdwenen. De diagnose ALS wordt ongeveer even vaak gesteld als MS. De gemiddelde leeftijd van mensen bij wie ALS wordt vastgesteld, ligt tussen de 50–60 jaar.

De oorzaak van ALS is grotendeels onbekend. Er zijn aanwijzingen dat verschillende ziektemechanismen een rol spelen. Het algemene idee is dat ALS een multifactoriële ziekte is. De snelheid van progressie varieert per individu. De gemiddelde overlevingsduur is drie jaar na het ontstaan van de eerste verschijnselen. De ziekte begint in een arm of been of, minder vaak, bulbair (spraak- en slikstoornissen). Dit leidt op den duur tot volledige verlamming en bij de meerderheid van de patiënten tot verlies van spraak- en slikvermogen. Het overlijden is vrijwel altijd het gevolg van ademhalingsinsufficiëntie.

Behalve de sporadische (in enkelvoud voorkomende) vorm bestaat er bij 5–10 % van de patiënten een familiaire vorm van ALS. Subklinische cognitieve problemen komen bij 30–50 % van de patiënten voor. Daarvan heeft een klein deel (5-10%) ook gedrags- en karakterveranderingen, dusdanig dat de diagnose ALS in combinatie met frontotemporale dementie (FTD) wordt gesteld. ALS met FTD kan invloed hebben op het nemen van beslissingen rond de PEG (percutane endoscopische gastrostomie) en beademing.

5.3.1.1 Diagnose

Het stellen van de diagnose is moeilijk vanwege de grote verscheidenheid aan weinig specifieke verschijnselen in de beginfase en het ontbreken van een diagnostische marker. De diagnose wordt gesteld aan de hand van de gereviseerde El Escorial-criteria. Deze criteria zijn gebaseerd op de aanwezigheid van progressieve ziekteverschijnselen van zowel perifere als centrale motorische neuronen en de afwezigheid van andere afwijkingen die op ALS lijkende ziektebeelden kunnen veroorzaken ('ALS-mimics'). (Zie bij www.als-centrum.nl, zakboek ALS herziene uitgave 2013.)

5.3.1.2 Behandeling

Sinds 1997 wordt riluzole, een glutamaatremmer, voorgeschreven. Riluzole remt waarschijnlijk de glutamaatafgifte in de motorische neuronen en daarmee het afstervingsproces van de nog levende neuronen. Van riluzole is een beperkte levensverlenging van 3–6 maanden bewezen. Patiënten merken zelf geen verbetering als zij het innemen.

De behandeling van ALS is voornamelijk symptomatisch, met als belangrijkste doelstelling de kwaliteit van leven zo lang mogelijk op een hoog niveau te houden. De zorg dient multidisciplinair te zijn, aangezien in meerdere studies is aangetoond dat daardoor de overleving toeneemt en met een hogere kwaliteit van leven. Kennis van en ervaring met de variabiliteit van het ziektebeeld is nodig om te kunnen anticiperen op toekomstige problemen.

5.3.1.3 Voedingsaspecten bij ALS

Het belangrijkste voedingsprobleem is onbedoeld gewichtsverlies door de afname van voedselinname. De BMI is een onafhankelijke voorspeller voor de levensverwachting (Paganoni et al. 2011). Een daling van de fasehoek, de hoek tussen Resistance en Reactance als onderdeel van de bio-impedantie analyse, is een negatief voorspellende factor, ongeacht het gewichtsverlies (Roubeau et al. 2015). Onbedoeld gewichtsverlies is vooral het gevolg van dysfagie (par. 5.4.1), vermoeidheid, vermindering van de longfunctie, langere duur van de maaltijden en/of verminderde tot afwezige arm- en handfunctie. Er bestaan onduidelijkheden over de energiebehoefte (par. 5.4.3.2). Vanwege de grillige progressie van de ziekte is vroegtijdige bespreking en, indien gewenst, plaatsing van een voedingsstoma aan te bevelen (par. 5.4.4).

5.3.2 Myotone dystrofie type 1 (MD1)

MD1 ofwel de ziekte van Steinert is een erfelijke ziekte met een autosomaal dominante overerving. De ziekte berust op een abnormale herhaling van drie bouwstenen uit het DNA (CTG) in een gen op chromosoom 19. De ziekte anticipeert per generatie, dat wil zeggen dat de ziekte per generatie ernstiger wordt en op steeds jongere leeftijd begint ten gevolge van een toename van het aantal CTG-herhalingen.

Myotone dystrofie is een multisysteemziekte. De incidentie is ongeveer 1 op 7000 mensen. De prevalentie wordt geschat op 10 per 100.000 mensen, met lokaal soms veel hogere prevalenties. Er wordt onderscheid gemaakt tussen type 1 en type 2. Type 1 is het meest voorkomend. Type 2 is milder van aard dan type 1.

Kenmerken van MD1 zijn myotonie (vertraagd ontspannen na het aanspannen van een spier) en langzaam progressieve spierzwakte. De spierzwakte treedt vooral op in de gezichts-, hals-, onderarm- en onderbeenspieren. Spierzwakte en myotonie worden vaak overheerst door andere klachten: van het hart (geleidings- en ritmestoornissen), de longen (aspiratie en ademhalingsinsufficiëntie), de hersenen (initiatiefarmoede, slaapzucht, vlakheid van emotie, verstandelijke handicap bij de kindervorm), de ogen (staar), endocriene stoornissen en klachten van het maag-darmkanaal. Vooral de maag-darmklachten hebben grote invloed op de ervaren kwaliteit van leven en worden door veel patiënten als het meest belastend ervaren. Of diabetes vaker voorkomt bij mensen met MD dan bij de gezonde populatie is onduidelijk. Wel lijken stoornissen in het glucosemetabolisme vaker voor te komen (Dahlqvist et al. 2015). Milde levertestafwijkingen komen vaak voor, meestal in het kader van niet-alcoholische leververvetting (NAFLD). Voor voedingsinterventies zie het hoofdstuk *Voeding bij lever- en galaandoeningen*. De richtlijn voor MD1 adviseert geen invasieve diagnostiek bij milde afwijkingen. In een later stadium zijn soms verschillende orgaancomplicaties tegelijk aanwezig. Tijdens en na anesthesie is er een verhoogde kans op hart- en longproblemen.

5.3.2.1 Diagnose

Vanwege de grote verscheidenheid aan weinig specifieke verschijnselen kan het lang duren voordat de symptomen herkend worden en de diagnose gesteld wordt. Na het stellen van de diagnose bij een kind kan vervolgens blijken dat ook een ouder en grootouder zijn aangedaan. Maag-darmstoornissen kunnen het eerste symptoom van de ziekte zijn, lang voordat de typische myotonie en spierzwakte ontstaan of herkend worden. De diagnose wordt gesteld op basis van klinische symptomen en bevestigd door DNA-onderzoek.

5.3.2.2 Behandeling

De behandeling van MD1 is symptomatisch. Geneesmiddelen die de myotonie verminderen worden meestal niet voorgeschreven vanwege ongewenste bijwerkingen op het hart. Modafinil wordt soms voorgeschreven om de slaperigheid overdag te verminderen. De multidisciplinaire begeleiding stelt bijzondere eisen door de lange ziekteduur, de mogelijke aandoening van tal van organen en de psychische gesteldheid van mensen met MD1. Voor een goede behandeling door de diëtist dient ook de neurologische en sociale problematiek bekend te zijn (Gagnon et al. 2010).

5.3.2.3 Voedingsaspecten bij MD1

De diëtist heeft een rol bij de behandeling van dysfagie en reflux (par. 5.4.1), vertraagde maagontlediging (par. 5.4.2.1), motiliteitsstoornissen van dunne en dikke darm met enerzijds dilataties, atonie, megacolon en herhaalde pseudo-obstructie in steeds een ander darmdeel (par. 5.4.2.3) en anderzijds diarree en fecale incontinentie (par. 5.4.2.4), (pre)diabetes (par. 5.4.5.7), specifieke aspecten van het metabool syndroom (par. 5.4.5.3) en het behoud van de voedingstoestand, aangezien de complexe problematiek enerzijds kan leiden tot onvoldoende orale inname en gewichtsverlies en anderzijds tot gewichtstoename vanwege de verminderde mobiliteit en activiteiten. In tab. 5.1 staan de mogelijke pathologische aspecten van het spijsverteringsstelsel bij MD1.

Tabel 5.1 Mogelijke pathologie spijsvertering bij MD1

mond	verminderde bijtkracht, myotonie van de tong, malocclusie, veel cariës
keel	spierzwakte, myotonie, orofaryngeale dysfagie
slokdarm	langzame passage, zwakke tot afwezige peristaltiek
maag	vertraagde maagontlediging tot gastroparese
alvleesklier	insulineresistentie tot diabetes
galblaas	galstenen
lever	niet-alcoholische leververvetting
dunne darm	diarree, bacteriële overgroei, buikpijn, dilatatie, verminderde motiliteit, malabsorptie
dikke darm	buikpijn, obstipatie
rectum	fecale incontinentie, obstipatie, fecale impactie

5.3.3 Duchenne-spierdystrofie (DMD)

DMD is een zeer ernstige, invaliderende, erfelijke aandoening, met in Nederland een incidentie van 1 op 4000 pasgeboren jongens. Er is sprake van een geslachts-gebonden recessieve overerving, met een mutatie in het dystrofine-gen op het X-chromosoom. Deze mutatie veroorzaakt een tekort van het eiwit dystrofine in de spiercelwand, waardoor de spiercellen langzaam afsterven en vervangen worden door bindweefsel. Wanneer een vrouw draagster is, heeft een zoon 50 % kans op DMD en een dochter heeft 50 % kans dat zij draagster is. Bij 20 % van de draag-sters ontstaan klachten van chronische vermoeidheid, lichte tot matige spierzwakte en soms een cardiomyopathie. Bij meer dan een derde van de patiënten ontstaat de aandoening echter spontaan, waardoor een jongen de eerste (en enige) is in de familie.

Het verloop van DMD is progressief met een sterk verkorte levensverwachting, ook bij beademing. Dankzij verbeterde zorg is de gemiddelde levensverwachting verschoven naar 30–35 jaar. Tegelijkertijd ontstaan nieuwe complicaties, zoals metabole acidose. Dit kan ontstaan door een combinatie van ernstige obstipatie, ondanks klysma's, verminderde vocht- en voedselinname en een respiratoire infec-tie (Lo Cascio et al. 2014). Bij het klinische beeld van DMD horen ook mentale retardatie met cognitieve leerproblemen, stoornissen in het autistisch spectrum en ADHD (ca. 30 %). De eerste verschijnselen worden zichtbaar als het kind tussen 2 en 5 jaar oud is (waggelgang) en breiden zich uit naar armspieren, ademhalings-spieren en hartspier (cardiomyopathie). Rolstoelafhankelijkheid ontstaat wanneer het kind tussen 10 en 13 jaar oud is. Door immobiliteit ontstaan ernstige contrac-turen en vaak een scoliose (zijwaartse verkromming van de wervelkolom). Rond het 20e levensjaar treedt koolzuurstapeling op door insufficiëntie van de ademha-lingsspieren, in het begin alleen 's nachts, later ook overdag. Veel jongeren kiezen voor (tracheostomale) beademing, waardoor de levensverwachting sterk toeneemt. De oorzaak van overlijden is meestal cardiale problematiek, luchtweginfecties of ademhalingsproblemen.

5.3.3.1 Diagnose

De diagnose wordt gesteld op basis van de verschijnselen, een sterk verhoogd cre-atine-kinasegehalte in het bloed, vaak een spierbiopt en DNA-onderzoek. Na het stellen van de diagnose wordt erfelijkheidsonderzoek geadviseerd.

5.3.3.2 Behandeling

Er is geen genezende behandeling mogelijk, maar er is wereldwijd wel een aan-tal behandelingen in preklinische of klinische fase van ontwikkeling. In Nederland worden, in overleg met de ouders, corticosteroïden voorgeschreven ter behan-deling van DMD. Behandeling met corticosteroïden verlengt de ambulante periode met twee tot vijf jaar, vermindert de noodzaak tot operatie van de sco-liose, verbetert de cardiale functie, vertraagt de start van nachtelijke beademing, verlengt de levensduur en verbetert de kwaliteit van leven (Moxley et al. 2010). Corticosteroïden versterken wel het risico op osteoporose en wervelfracturen en toename van het gewicht door meer eetlust.

De behandeling start vanaf het moment dat de motorische vaardigheden niet meer toenemen, maar nog niet verslechteren, meestal met een dosering van 0,75 mg/kg intermitterend tien dagen op, tien dagen af (Straathof et al. 2009). Ook na het verlies van ambulantie wordt de behandeling met corticosteroïden gecontinu-eerd, zij het in een lagere dosering, meestal 0,3-0,6 mg/kg/dag.

De gebruikelijke Nederlandse groeidiagrammen kunnen worden gebruikt om de groei te monitoren, met de kanttekening dat ieder kind zijn eigen referentie is. Het streven is het gewicht naar leeftijd te houden tussen de 10^e en 85^e percentiel (Bushby et al. 2010b).Voor de berekening van de energiebehoefte bij ambulante jongens is de Schofield-formule zonder lengte gevalideerd (Elliott et al. 2012).

Vanwege de complexe zorgvraag voor het kind zelf, zijn ouders, broertjes en zusjes is langdurig multidisciplinaire behandeling en begeleiding nodig in een gespecialiseerd centrum (Bushby et al. 2010a). De behandelende zorg bij DMD omvat ook het bespreekbaar maken van de keuze rond beademing en eventueel een PEG.

5.3.3.3 Voedingsaspecten bij DMD

De diëtist heeft een rol gedurende het hele leven van de patiënt en wel ten aan-zien van monitoring van het gewicht naar leeftijd tijdens de groei, proactieve voe-dingsadvisering vanaf de start van behandeling met corticosteroïden, het bewaken van de inname van calcium en vitamine D (par. 5.4.5.2), beoordeling op onder- of overgewicht (par. 5.4.3.3), aandacht voor dysfagie en reflux (par. 5.4.1) en gastro-parese (par. 5.4.2.1) in de niet-ambulante fase en behoud van de voedingstoestand bij volwassenen ten aanzien van gewicht (par. 5.4.3.3), eventueel enterale voeding (par. 5.4.4), gastro-intestinale problemen (par. 5.4.1 en par. 5.4.2.2), ademhalingsinsufficiëntie (par. 5.4.5.5) en hartfalen (par. 5.4.5.8).

5.4 Voedingsgerelateerde problematiek en behandeling

Bij de diverse ziekten is er een aantal overeenkomstige voedingsgerelateerde symptomen of klachten.

5.4.1 Dysfagie

Dysfagie kan bij neuromusculaire aandoeningen twee vitale lichaamsprocessen bedreigen: voeding en ademhaling. Dysfagie kan voorkomen bij bijvoorbeeld ALS, MD1, FSHD, limb girdle dystrofie, DMD in de latere fase, ataxie van Friedreich, MG, myositis, IBM, postpoliosyndroom en OPMD. Voor algemene informatie over kauw- en slikstoornissen en aspiratiepneumonie zie hoofdstuk *Kauw- en slikstoornissen* door J.G. Kalf.

Bij ALS kan een bulbair begin (in mond- en keelgebied) van de ziekte er binnen korte tijd toe leiden dat eerst spreken en daarna eten en drinken onmogelijk worden. Er ontstaat een groot risico op uitdroging en overlijden indien niet direct wordt gestart met voedingstherapie. Bij de meeste mensen met ALS ontstaat dysfagie echter in de loop van het ziekteproces: het ontwikkelt zich vaak gelijktijdig met zwakte van de ademhalingsspieren en vaak enkele maanden na het ontstaan van dysartrie (spraakstoornis). Het gevolg, ondervoeding, leidt bij ALS tot een kortere levensverwachting. Het belang van gewichtsbehoud bij ALS wordt steeds meer erkend. Miller et al. (2009) beschrijven de PEG of het equivalent daarvan (PRG, percutane radiologische gastrostomie) als hét hulpmiddel om het gewicht te stabiliseren. Intensieve samenwerking tussen diëtist en logopedist is noodzakelijk. Voor diëtistische behandeling van dysfagie bij ALS gelden de adviezen, zoals bij andere neurologische ziektebeelden.

Dysfagie is bij andere NMA vaak nog een onderschat probleem, doordat symptomen niet herkend worden of niet beschouwd worden als behorend bij de ziekte. Het is daarom van belang actief eventuele slikproblematiek na te vragen. De ernst van de stoornissen is vaak afhankelijk van de progressie van de ziekte en kan door de mate van betrokkenheid van dwarsgestreept en/of glad spierweefsel sterk variëren. Zo kan bij myositis als enige symptoom een vertraagd transport door de gehele slokdarm worden gezien. Bij MD1 kan dysfagie prominent aanwezig zijn met myotonie van tong en keelspieren, gebrekkige faryngeale contractie, spierzwakte van het verhemelte, met als gevolg nasale regurgitatie (het terugkomen van voedsel of vloeistof door de neus), aspiratie en vermindering van de peristaltiek van de slokdarm. Vaak wordt spierzwakte van de bovenste slokdarmsfincter gezien en ook stoornissen van de onderste slokdarmsfincter zijn beschreven. Gebrekkige peristaltiek komt zowel in het proximale als in het distale deel van de slokdarm voor.

Bij DMD is bekend dat spierzwakte van kaak-, mond- en keelspieren vooral leidt tot stoornissen in de orale fase en dat er met het stijgen van de leeftijd sprake kan zijn van toenemend residu van vast voedsel in de keel. Meestal leidt dit niet tot aspiratie (voedsel en/of vocht komt onder het stembandniveau, in de luchtpijp terecht), maar wel tot frequent verslikken met residu of penetratie (voedsel en/of vocht verzamelt zich op de stembanden) (Van den Engel-Hoek et al. 2013). Bij penetratie/residu is het advies geen vast voedsel te eten, maar gepureerd eten en de keel steeds te spoelen met slokjes water. Door Toussaint et al. (2016) is een algoritme ontwikkeld voor dysfagiebeleid bij DMD (fig. 5.3).

Uit vervolgonderzoek is gebleken dat er ook bij kinderen met spinale musculaire atrofie (SMA) sprake kan zijn van residu bij vast en semivast voedsel. Dunvloeibare dranken gaan beter dan dikvloeibare dranken, dus wordt geadviseerd bij verslikken dunne drank niet te verdikken. Een slokje water na iedere hap en na de maaltijd wordt geadviseerd om het residu in de keel en bovenin de slokdarm te kunnen wegspoelen. (Van den Engel-Hoek, 2013). Op de site van Diëtisten voor Spierziekten (DvS) is een samenvatting van de slikproblematiek voor kinderen beschikbaar: www.dietistenvoorspierziekten.nl.

De slikproblematiek kan bij neuromusculaire aandoeningen worden versterkt door vermoeidheid, speekselvloed, progressieve spierzwakte, onvoldoende vermogen om te hoesten en in het bijzonder door de combinatie met een verminderde ademhalingsfunctie. Door toenemende zwakte van de orale spieren kan een grotere bolus niet in één keer worden weggeslikt. Dan zijn meerdere slikacts nodig. De ademhaling moet voor elke slik onderbroken worden. Door de hoge ademfrequentie is er maar weinig 'ruimte' voor deze onderbrekingen. Tijdens beademing via een tracheostoma verloopt het slikken beter dan tijdens spontaan ademen (Terzi et al. 2007).

Behandeling
Voor de behandeling van dysfagie kunnen houdingsadviezen, logopedische adviezen, aangepaste eethulpmiddelen en aanpassing van de consistentie van voeding en vocht nodig zijn. Wanneer het slikken ondanks deze adviezen onveilig blijft of het gewicht blijft afnemen wordt in toenemende mate een PEG aanbevolen.

Bij een vertraagd transport door de slokdarm kunnen voedingsadviezen zinvol zijn (zie het hoofdstuk *Voeding en slokdarmaandoeningen* door P.S.N. van Rossum, J.P. Ruurda en P.D. Siersema), eventueel aangevuld met medicatie, afhankelijk van het type ziekte.

5.4.1.1 Reflux

Gastro-oesofageale reflux wordt vooral beschreven bij MD1, DMD, SMA en mitochondriële ziekten. Reflux wordt bij NMA geassocieerd met stille aspiratie

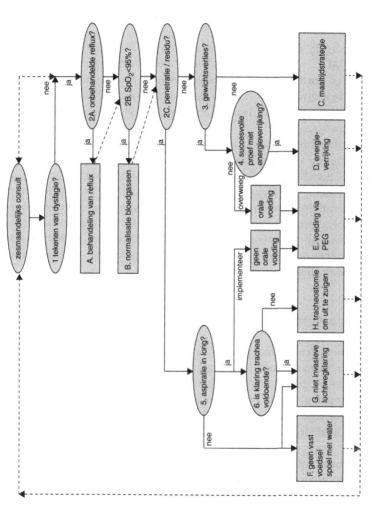

Figuur 5.3 Algoritme voor diëtistisch handelen bij dysfagie bij DMD. (Bron: Toussaint et al. 2016.)

en pneumonie. Voor de behandeling van reflux zie *Voeding bij maagaandoeningen* door A.J.P.M. Smout en L. van der Aa.

5.4.2 Motiliteitsstoornissen

5.4.2.1 Vertraagde maagontlediging/gastroparese

De maagontlediging kan vertraagd zijn zonder dat er klachten gemeld worden. Met name bij MD1, myositis en in een latere fase van DMD kan gastroparese ontstaan. Dit is een ernstig vertraagde maagontlediging met retentie van voedsel en vocht zonder de aanwezigheid van een mechanische obstructie. Gastroparese leidt tot klachten als misselijkheid, braken, een opgeblazen gevoel en een snel optredend gevoel van verzadiging.

Bij MD1 zijn vanwege het risico op cardiale bijwerkingen niet alle prokinetica geschikt om de klachten te verminderen en de motiliteit te bevorderen. De behandeling is gericht op het verlichten van symptomen: vermindering van vet en vezelrijke voeding, verkleining van volumebelasting van de maaltijd en motiliteitsbevorderende medicatie (zie ook *Voeding bij maagaandoeningen*). Wanneer de klachten onacceptabel blijven en/of het gewicht blijft afnemen, kan een jejunostomie worden overwogen. Bij het geven van voeding rechtstreeks in de dunne darm kunnen echter eveneens problemen ontstaan door ook daar aanwezige motiliteitsproblematiek.

5.4.2.2 Obstipatie en fecale impactie

Behalve algemene leefstijlfactoren die het ontstaan van obstipatie kunnen bevorderen, kunnen extra factoren aanwezig zijn, zoals vertraagde darmmotiliteit, immobiliteit en progressie van de ziekte. Fecale impactie (zeer ernstige mate van darmverstopping) is een gevolg van ernstige, chronische obstipatie door vertraagde darmpassage. De symptomen bestaan uit verminderde defecatie, grote hoeveelheden harde feces, buikpijn, een opgezette buik en eventueel waterige diarree. Vooral bij kinderen met fecale impactie kan een sterk ingedikte ontlastingsmassa onopgemerkt blijven door het verschijnsel lekdiarree.

Vanwege de progressie is een stappenplan in de behandeling belangrijk. De eerste stap omvat leefstijladviezen over vezelverrijking van de voeding en ruime vochttoevoer, gehoor geven aan aandrang, houding op het toilet en privacy bij de toiletgang. Bij onvoldoende resultaat kan als tweede stap medicatie in de vorm van orale laxantia nodig zijn, zoals laxantia met macrogol als werkzame stof. Een groot voordeel hiervan is dat er niet extra gedronken hoeft te worden, aangezien een ruime vochtinname vaak niet haalbaar is. Bovendien ontstaat er geen gasvorming in de darmen. Osmotisch werkzame middelen, zoals magnesiumoxide, zijn een derde stap. Een laatste stap, rectaal laxeren met klysma's, is nodig bij ernstige obstipatie en fecale impactie en/of bij het ontbreken van buikpers.

5.4.2.3 (Chronische) pseudo-obstructie

(Chronische) pseudo-obstructie wordt gedefinieerd als een klinisch syndroom van gestoorde darmmotiliteit en chronische dilatatie van (een deel van) de darm met symptomen van een ileus, in afwezigheid van een mechanische obstructie. (Chronische) pseudo-obstructie komt als secundaire problematiek vooral bij volwassenen met een neuromusculaire aandoening voor. Het is een bekende complicatie bij MD1, (dermato)myositis, mitochondriële ziekten en wordt sporadisch ook bij andere NMA beschreven. De prognose van dit syndroom is vaak progressief, betreft in het algemeen het gehele maag-darmkanaal en is afhankelijk van de primaire ziekte. De symptomen kunnen bestaan uit misselijkheid, braken, buikkrampen, opgezette buik, obstipatie of diarree door bovenmatige bacteriegroei.

Pseudo-obstructie leidt tot ziekenhuisopname. De aanbevolen behandeling is conservatief. Deze bestaat in het algemeen uit het stopzetten van orale voeding, intraveneuze toediening van vocht, eventueel parenterale voeding, veelvoudige klysma's, afzuiging van maagsappen en correctie van metabole stoornissen. Wanneer herstel uitblijft of verslechtering optreedt, kan alsnog een mechanische obstructie (bijv. collaps van een darmdeel) zijn ontstaan, die dwingt tot chirurgische interventie met resectie van een darmdeel.

Bij herhaalde perioden van pseudo-obstructie of chronische pseudo-obstructie leidt vermijding van voedsel – teneinde de symptomen te verminderen – tot gewichtsverlies en ondervoeding. Het doel van voedingsinterventie is het optimaliseren van de voeding, het voorkomen van gewichtsverlies en het minimaliseren van misselijkheid en braken. Zolang orale voeding mogelijk is worden kleine, frequente maaltijden aanbevolen met een laag vetgehalte, weinig vezels, weinig residu, lactosearm of -vrij en weinig gasvormend. Dit laatste kan bereikt worden door een beperking van gasvormende voedingsmiddelen en het geven van adviezen ter beperking van het inslikken van lucht tijdens het eten en houdingsadviezen: rechtop zitten tijdens de maaltijd en zo lang mogelijk daarna. Wanneer orale voeding onvoldoende mogelijk is, is aanvullend drinkvoeding tot volledige enterale voeding nodig. Wanneer voeding in de maag niet wordt verdragen, is een jejunumsonde nodig. In het algemeen blijft de absorptie nog lang intact en kan een isotone, vezelvrije sondevoeding worden gebruikt. Uiteindelijk kan parenterale voeding nodig zijn.

5.4.2.4 Diarree en fecale incontinentie

Periodieke diarree wordt bij 33 % van de patiënten met MD1 beschreven en kan tot ernstige sociale handicaps leiden, zeker in combinatie met fecale incontinentie.

Soms gaat de diarree samen met malabsorptie, steatorroe en krampende buikpijn. Diarree bij MD1 wordt toegeschreven aan verminderde tot afwezige motiliteit van de dunne darm. Het gevolg is verhoogde bacteriegroei en onvoldoende menging van de darminhoud in het laatste deel van de dunne darm en secundair daaraan malabsorptie van galzuren. Bacteriële overgroei in de dunne darm kan gemeten worden door middel van een waterstofademtest en wordt vooral behandeld met antibiotica. Bacteriële overgroei is vaak een chronisch probleem, waardoor herhaald behandeling met antibiotica nodig is. De potentiële rol van probiotica is bij MD1 nog niet onderzocht (Tarnopolsky et al. 2010). Eventueel aanwezige secundaire galzuurmalabsorptie kan bestreden worden met galzuurbindende medicatie.

Fecale incontinentie bij MD1 wordt door patiënten als het meest invaliderend ervaren. Mogelijk is er sprake van stoornissen in het rectum en beide anale sfincters. Het rectum bestaat net als de slokdarm gedeeltelijk uit dwarsgestreept en gedeeltelijk uit glad spierweefsel en kan vergelijkbare stoornissen als de slokdarm vertonen: spierzwakte, myotonie en een gebrekkig werkende gladde musculatuur (Bellini et al. 2006).

Afgezien van medicatie is het belangrijk de voeding zo veel mogelijk te normaliseren, omdat uit angst voor diarree de neiging bestaat steeds eenzijdiger en minder te eten. Daarnaast kan opvangmateriaal worden gebruikt en is training van de bekkenbodemspieren met biofeedback te overwegen.

5.4.3 Voedingstoestand, lichaamssamenstelling en energiebalans (verbruik)

5.4.3.1 Antropometrie

Voor het bepalen van de voedingstoestand bij spierziekten is de Body Mass Index (BMI) ongeschikt vanwege de wijzigingen in de lichaamssamenstelling ten gevolge van spierverlies. Het vaststellen van lengte en gewicht kan moeilijk zijn bij rolstoelgebondenheid, ernstige scoliose en/of contracturen.

Huidplooimetingen zijn meestal niet geschikt door het overschatten van de vetvrije massa en daardoor het onderschatten van de vetmassa. Bovendien kunnen de armen op asymmetrische en inconsistente wijze aangedaan zijn.

Het bepalen van creatinine in de urine is niet geschikt vanwege het verlies van spiermassa.

In de onderzoekssetting worden DXA-scans en impedantiemetingen vaak gebruikt. Deze geven redelijk betrouwbare informatie. In het algemeen is er, bij een vergelijkbaar gewicht met de gezonde populatie, sprake van een verlaagde vetvrije massa en een toegenomen hoeveelheid vetmassa. De interpretatie van data wordt bemoeilijkt doordat spierweefsel ofwel verloren gaat ofwel wordt vervangen door intramusculair vet of bindweefsel.

De impedantiemeting wordt voor de praktijk als een betrouwbare methode beschouwd om veranderingen in de spier- en vetmassa te kunnen meten, te starten met voedingsadvisering en om excessieve obesitas te voorkomen. Voor ALS is een aangepaste analyse van de impedantiemeting gevalideerd (Desport et al. 2003).

5.4.3.2 Energiebehoefte

Wijzigingen in de lichaamssamenstelling kunnen mogelijk leiden tot veranderingen in de energiebehoefte. Globaal lijkt de ruststofwisseling bij langzaam progressieve neuromusculaire aandoeningen per kilogram lichaamsgewicht gelijk, maar per kilogram vetvrije massa hoger te zijn dan die van gezonde personen. De relatieve toename van de ruststofwisseling is mogelijk te verklaren door een toename van metabole activiteit van dystrofische spieren of hogere metabole activiteit van orgaanweefsel; dit is het gevolg van de gewijzigde verhouding tussen orgaanweefsel en spierweefsel (Zanardi et al. 2003).

Consensus over de energiebehoefte bij ALS ontbreekt nog. Diverse onderzoeken leidden tot verschillende uitkomsten en variëren van een normaal tot hypo- en hypermetabolisme. Er blijkt op groepsniveau sprake te zijn van een grote heterogeniteit in de ruststofwisseling gedurende de verschillende stadia van de ziekte. Mogelijke oorzaken zijn een daling van de vetvrije massa, verhoogde ademarbeid en/of ondervoeding. Volgens Weijs (editorial 2011) kan hypermetabolisme niet worden uitgesloten. Toch is het volgens Weijs mogelijk om de berekeningsformule van Harris-Benedict te gebruiken, omdat de percentages van berekende en gemeten ruststofwisseling bij de verschillende ziektestadia van de ademhaling op groepsniveau dicht bij de 100 % zitten (Ellis en Rosenfeld 2011).

Een verdere nuancering voor het berekenen van de energiebehoefte is aangebracht door het onderzoek van Kasarskis et al. (2014), die de Harris-Benedictformule valideerden met zes items uit de ALSFRS-R-score[1]. Bij patiënten die al voorafgaand aan de diagnose veel gewicht hebben verloren, lijkt de prognose slechter te zijn (Limousin et al. 2010). Een hogere vetmassa (BMI tot 30) blijkt gunstiger te zijn voor de overlevingsduur. Het verlies van elke eenheid BMI leidt tot een hoger risico op overlijden (Marin et al. 2011). In de praktijk wordt bij bestaand overgewicht daarom geen energiebeperking meer geadviseerd.

Bij de acute fase van het Guillain-Barré-syndroom (GBS) is er sprake van een sterk verhoogd metabolisme en katabolisme, ondanks volledige verlamming en beademing (CBO, Richtlijn Guillain-Barré syndroom 2010).

Bij veel spierziekten met een langdurig lage energiebehoefte (< 1500 kcal/dag) bestaat het risico dat niet alle aanbevolen hoeveelheden van macro- en micronutriënten worden gehaald. Macronutriënten dienen met de voeding te worden aangevuld, micronutriënten met een multivitamine- en mineralenpreparaat.

---

[1]ALSFRS-R-score staat voor de gereviseerde ALS functional rating scale, een meetinstrument voor functieverlies bij ALS. De zes items zijn spraak, schrijven, aankleden, omdraaien in bed, lopen en benauwdheid. De volledige formules voor mannen en vrouwen met de zes items staan op de site van Diëtisten voor Spierziekten (www.dietistenvoorspierziekten.nl) bij nieuws per diagnose, ALS, op chronologische volgorde.

Waarschijnlijk is de ontwikkeling van obesitas niet primair het gevolg van een lage ruststofwisseling, maar van een afname van fysieke activiteiten en/of net iets te veel eten. Een laag activiteitenniveau en een grotere vetmassa kan secundair leiden tot een hoger risico op het metabool syndroom (par. 5.4.5.3).

5.4.3.3 Verstoorde energiebalans

Het dagelijks energieverbruik lijkt bij ambulante mensen met een NMA lager te zijn dan bij gezonde personen, waarschijnlijk door een afname van (intensieve) lichamelijke activiteiten. Het energieverbruik tijdens lichamelijke activiteiten is echter hoger dan bij gezonde personen. Bij niet-ambulante personen is het energieverbruik nauwelijks hoger dan de ruststofwisseling. Intermitterende tot continue beademing leidt tot een nog verdere afname. Zo bleek uit een onderzoek bij mannen met DMD de ruststofwisseling circa 1100 kcal/24 uur te bedragen (Gonzalez-Bermejo et al. 2005).

Als op tijd aandacht wordt besteed aan een verstoorde energiebalans kan ernstig over- of ondergewicht worden voorkomen.

5.4.3.3.1 Risico op overgewicht

Overgewicht leidt tot extra belasting van (toch al zwakke) spieren, beïnvloedt de ademhaling negatief en vormt een extra belasting voor eventuele verzorgers. Gewichtstoename ontstaat bij langzaam progressieve ziekten heel geleidelijk en wordt veroorzaakt door afnemende mobiliteit en een gelijkblijvend eetpatroon. Het belangrijkste doel is het voorkomen van verdere gewichtstoename. Een streng energiebeperkt dieet leidt tot extra afbraak van spierweefsel en is daarom ongewenst. Het volhouden van een dieet is een zaak van zeer lange adem, aangezien de mogelijkheden om meer te bewegen, te oefenen en te trainen meestal ontbreken. Begeleiding is noodzakelijk omdat in de strijd tegen het gewicht het risico bestaat op onvolwaardige en eenzijdige voeding.

5.4.3.3.2 Risico op ondergewicht

Een te laag gewicht als gevolg van een langdurig te lage energie-inname komt bij allerlei NMA voor en kan door tal van factoren ontstaan: vermoeidheid, langere duur van de maaltijden, mond onvoldoende kunnen openen, afhankelijkheid bij de bereiding van de maaltijd en/of bij het eten zelf, slechte eetlust, vol gevoel, vaak verslikken, maag-darmproblematiek, afhankelijkheid bij toiletgang en psychosociale problemen (fig. 5.4). Chronisch hongeren leidt tot een vicieuze cirkel van gewichtsverlies, spierafbraak en een daling van weerstand, conditie en welzijn (fig. 5.5). In de loop van de tijd kan een extreem laag lichaamsgewicht ontstaan,

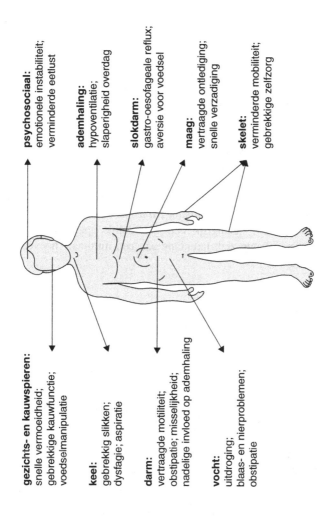

gezichts- en kauwspieren:
snelle vermoeidheid;
gebrekkige kauwfunctie;
voedselmanipulatie

keel:
gebrekkig slikken;
dysfagie; aspiratie

darm:
vertraagde motiliteit;
obstipatie; misselijkheid;
nadelige invloed op ademhaling

vocht:
uitdroging;
blaas- en nierproblemen;
obstipatie

psychosociaal:
emotionele instabiliteit;
verminderde eetlust

ademhaling:
hypoventilatie;
slaperigheid overdag

slokdarm:
gastro-oesofageale reflux;
aversie voor voedsel

maag:
vertraagde ontlediging;
snelle verzadiging

skelet:
verminderde mobiliteit;
gebrekkige zelfzorg

Figuur 5.4 Mogelijke evolutie van ondervoeding bij progressieve spierzwakte

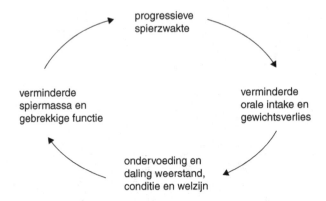

Figuur 5.5 Vicieuze cirkel naar ondervoeding

dat jarenlang stabiel blijft. Door de lage weerstand of de toenemende ademhalingsinsufficiëntie kan bijvoorbeeld een luchtweginfectie leiden tot een acuut levensbedreigende situatie.

Wanneer besloten wordt tot verhoging van de energetische inname is het, vanwege het risico op refeeding (zie hoofdstuk *Klinische voeding* door C.F. Jonkers-Schuitema en T.A.J. Tas), belangrijk een geleidelijk opklimmend schema te gebruiken, omdat het lichaam zich jarenlang aan een minimale hoeveelheid voeding heeft aangepast.

5.4.4   Enterale voeding per sonde of voedingsstoma

Voorafgaand aan de plaatsing van een voedingsstoma kan als tijdelijke interventie een neusmaagsonde worden gebruikt, mits er geen sprake is van non-invasieve beademing. Een neussonde belemmert een goede passing van het neusmasker, waardoor lekkage optreedt en de beademing niet optimaal verloopt. Bij risico op reflux en aspiratie, al dan niet in combinatie met beademing, is een neusjejunumsonde geïndiceerd.

De aanleg van een voedingsstoma kan overwogen worden bij ernstige slikstoornissen, langdurige ondervoeding, groeiachterstand (-2 SD) en bij ernstige motiliteitsstoornissen. Bij gastroparese, ernstige reflux, risico op aspiratie, al dan niet met beademing, kan een jejunumsonde (PEG-J of PEJ) een optie zijn.

Door het gebruik van een voedingsstoma met minder tot geen orale inname vermindert het aantal luchtweginfecties ten gevolge van aspiratie en daardoor het aantal ziekenhuisopnames. Het risico op aspiratie van speeksel, slijm en reflux vermindert niet.

Bij kinderen met ernstige reflux, bijvoorbeeld bij SMA, wordt tijdens de aanleg van een PEG soms ook een antirefluxoperatie (Nissen-fundoplicatie) uitgevoerd

(Wang et al. 2007). Hierbij wordt de opening van het middenrif, waar de slokdarm doorgaat, vernauwd en de maagkoepel om de slokdarm heen gevouwen. Het doel is het terugvloeien van de maaginhoud naar de slokdarm te voorkomen.

5.4.4.1 Enterale voeding bij ALS

Bij ALS wordt vanwege de snelle progressie de keuze voor de plaatsing van een voedingssonde via de buikwand vroegtijdig besproken. Hoewel gerandomiseerde trials ontbreken, lijken beide methoden voor het plaatsen van een voedingsstoma, endoscopisch (PEG) of radiologisch (PRG), even veilig te zijn (ProGas Study Group, 2015). Er wordt nog gezocht naar veilige ondergrenzen van de ademhalingsfunctie voor de procedure van de PEG (Russ et al. 2015; Sarfaty et al. 2013).

Het voordeel van een voedingssonde is onder andere stabilisatie van het gewichtsverlies door optimale voedings- en vochtinname. De progressie van ALS gaat echter door en het risico op aspiratie van speeksel vermindert niet. De keuze voor wel of geen PEG ligt daarom bij de ALS-patiënt zelf. Er bestaat wereldwijd nog geen consensus over de timing van de ingreep. De richtlijn PEG van het ALS-centrum hanteert als aanbeveling een vitale longcapaciteit boven 50 % van de te verwachten waarde en/of voor het ontstaan van symptomen van nachtelijke hypoventilatie en/of gestoorde bloedgassen, met direct na het positioneren actief lucht uitzuigen uit de maag en nauwlettende controle van de ademhaling (zie www. als-centrum.nl bij downloads: Richtlijn PEG bij ALS (2010)). Voorspellende factoren voor de overleving na plaatsing van een PEG of PRG zijn niet gerelateerd aan de techniek, maar lijken vooral beïnvloed te worden door de verminderde ademhalingsfunctie, met name stijging van het koolzuurgehalte (Bokuda et al. 2016).

De voeding wordt in het begin meestal in porties in het ritme van de maaltijden toegediend en in een latere fase, bij klachten, continu. Bij ademhalingsproblemen, zwakte van het middenrif of snelle progressie wordt bij ALS bij voorkeur enterale voeding zonder voedingsvezels gegeven, met extra aandacht voor defecatie.

5.4.4.2 Enterale voeding bij andere spierziekten

Onderzoekers wijzen bij diverse kinderspierziekten bij achterblijven van de groei op de noodzaak van een proactief voedingsbeleid, met zo nodig een voedingssonde. In toenemende mate wordt een PEG geplaatst. Bij kinderen met diverse ziekten trad, door het gebruik van enterale voeding en aanvullend orale inname naar wens, een verbetering op in lengtegroei en gewicht, en waarschijnlijk ook in ervaren kwaliteit van leven (Ramelli et al. 2007). Bij mannen met DMD verbeterde de voedingstoestand wel, doch gedeeltelijk, met een plateaufase na negen maanden. Mogelijk wordt dit veroorzaakt door de lange duur van het extreem lage gemiddelde gewicht (29 kg!) voorafgaand aan de PEG-plaatsing (Martigne et al. 2010).

De aanleg van een PEG is bij mensen die invasief beademd worden geen probleem. Ook non-invasieve beademing is mogelijk tijdens de procedure.

Het gebruik van sondevoeding via neus-maagsonde of PEG gedurende de nacht is bij NMA niet vanzelfsprekend; dit vanwege het risico op reflux en aspiratie. Voeden 's nachts is mogelijk wanneer er geen sprake is van een vertraagde maagontlediging, ernstige ademhalingsproblematiek of beademing met een neusmasker.

5.4.5   Overige behandelaspecten

5.4.5.1   Voedingssupplementen

Al langere tijd wordt gezocht naar mogelijke therapeutische interventies met behulp van voedingssupplementen. Bij zowel onderzoekers als patiënten bestaat, gezien het ontbreken van genezende behandelingen, de hoop op het vertragen of stoppen van de progressie.

Creatinesuppletie
De theoretische verwachting van creatinesuppletie is een positief effect bij NMA met spiervermoeidheid door een gebrekkige energieproductie en/of een lagere concentratie gefosforyleerd creatine in de spiercellen. Er zijn geen effecten gevonden door suppletie van creatine bij ALS (Bender et al. 2016), SMA type II en III (Wadman et al. 2011), mitochondriële ziekten (Pfeffer et al. 2012), maar wel meer spierpijn bij een hoge dosering bij de ziekte van McArdle (Quinlivan et al. 2014). Tarnopolsky (2011) vond geen effect op spierkracht, lichaamssamenstelling en dagelijkse activiteiten bij MD1. Ook bij ambulante jongens met DMD bleek er geen verbetering op de lange termijn zichtbaar te zijn door suppletie met creatine (Banerjee et al. 2010). In onderzoeken bij ambulante volwassenen met myositis werd, in combinatie met training, een positief effect gevonden (Alexanderson, 2009). Door effectieve behandeling zal de spierkracht bij polymyositis en dermatomyositis in het algemeen verbeteren. Indien besloten wordt tot spieroefeningen in de stabiele fase, kan creatine het effect van oefenen versterken zonder risico op nadelige bijwerkingen. Bij kinderen met myositis werd geen positieve invloed van creatine gevonden (Solis et al. 2016).

Co-enzym Q10
Dit enzym wordt vaak genoemd vanwege de rol in de productie van energie in de mitochondriën en als antioxidant. Cochrane reviews melden echter geen effecten bij mitochondriële ziekten (Pfeffer et al. 2012). Bij ataxie van Friedreich is het aannemelijk dat de combinatie van co-enzym Q10 met vitamine E een positief effect heeft op de neurologische functies bij patiënten met een lage serumspiegel co-enzym Q10. Idebenone, een analoog van co-enzym Q10, bleek na veel

onderzoek toch geen effect te hebben op de neurologische functie of op de hartfunctie (richtlijn niet-acute cerebellaire ataxie 2014).

B-vitamines en co-enzym Q10 worden in de praktijk vaak in lage doseringen voorgeschreven bij mitochondriële ziekten in de hoop op een positief effect ten aanzien van de inspanningsintolerantie. Wanneer patiënten minder vermoeidheid ervaren, wordt geadviseerd het gebruik te continueren.

Vitamine C en E
Deze vitaminen hebben onder andere een antioxidantfunctie, waardoor ze theoretisch het proces van oxidatieve schade kunnen vertragen. Bij ziekten waarbij motorische neuronen degenereren, wordt aan de neuronen een verhoogde gevoeligheid voor oxidatieve stress toegeschreven. Bij ziekten waarbij de primaire oorzaak in de spier zelf ligt, lijkt de spiercel gevoelig te zijn voor oxidatieve stress. Onderzoeken met suppletie van vitamine C bij kinderen en volwassenen met HMSN type 1a lieten geen verbetering zien op functionele uitkomsten (Gess et al. 2015). Langdurige suppletie met vitamine E in een lage dosering (en ook hoge inname van onverzadigde vetzuren) vermindert het risico op het ontwikkelen van ALS (Veldink et al. 2007). Onderzoeken met hoge doses vitamine E (5000 mg/dag) laten echter geen effect zien op het ziektebeloop (Miller et al. 2009), en evenmin als interventie voor spierkrampen (Baldinger et al. 2012).

Hoewel er relatief veel klinisch onderzoek plaatsvindt met voedingssupplementen in hoge doseringen, is er sprake van kleine tot zeer kleine onderzoeksgroepen, met vaak inconsistenties in soort klinische studies, verschillen in methodologie, uitkomstmaten, dosering, looptijd van het onderzoek, verschillen in typen neuromusculaire aandoeningen en in verschillende ziektestadia, waardoor uitkomstmaten niet met elkaar vergeleken kunnen worden. Het gebruik van supplementen in hoge doseringen is niet aan te raden omdat niet bekend is of en welke schadelijke effecten kunnen optreden. Lage doseringen kunnen tijdelijk, bijvoorbeeld enkele maanden en altijd in overleg met de behandelend arts, gebruikt worden. Indien geen positieve effecten ervaren worden, heeft het weinig zin te blijven suppleren.

5.4.5.2 Osteopenie en osteoporose

De aanwezigheid van één of meer compressiefracturen in de wervels is indicatief voor osteoporose bij kinderen. Dit geldt ook voor een klinische fractuurgeschiedenis in combinatie met een botdichtheid Z-score $\leq$ -2,0 (ISCD 2013). De Z-score duidt de botdichtheid vergeleken met de botdichtheid van een leeftijdgenoot. Een gestoorde botgezondheid wordt vooral beschreven bij DMD en SMA. Schattingen van pijpbeenfracturen lopen bij jongens met Duchenne uiteen van 20–44 % en tot 46 % bij SMA. Risicofactoren zijn de onderliggende ziekte, spierzwakte met als gevolg verminderde gewichtsdragende belasting, lage spierspanning, verminderde

blootstelling aan zonlicht, mogelijk ook beperkte energie-inname met onvoldoende micronutriënten en bij sommige kinderspierziekten bijwerkingen van corticosteroïden. Bij jongens met DMD en juveniele myositis worden al gereduceerde
Z-scores beschreven vóór de start met corticosteroïden (Huber et al. 2016; Ness &
Apkon, 2014). Opvallend bij DMD is dat wervelfracturen vooral gevonden worden
bij behandeling met corticosteroïden (Perera et al. 2016). Bij kinderen met SMA
II en III is er ook sprake van een verhoogde botresorptie en zelfs asymptomatische
wervelfracturen bij jonge kinderen. Bij een kleine onderzoeksgroep van kinderen
met SMA werd bij de helft een Z-score gevonden tussen -0,5 en -1,0 en bij de
andere helft tussen -1,5 en -3,7.

Bij veel kinderen met NMA worden (te) lage 25-OH-vitamine-D-spiegels
gevonden. Bij een onderzoeksgroep van kinderen met SMA werden bij 37 % lage
waarden gevonden (Vai et al. 2015) en bij DMD had 84 % van de jongens een
vitamine-D-deficiëntie (Perera et al. 2016).

Bij volwassenen is immobiliteit een bekende risicofactor voor osteoporose.
Cijfers over het voorkomen van osteoporose en fracturen bij weinig tot niet
mobiele mensen met een NMA zijn niet beschikbaar. Bij het postpoliosyndroom
is gebleken dat lokale osteoporose is gerelateerd aan lokale spierzwakte op die-
zelfde plaats. Langdurig gebruik van corticosteroïden is vooral nodig bij MG en
poly- en dermatomyositis. Bij mensen met MG lijkt het risico op fracturen niet
verhoogd te zijn in vergelijking met gezonde leeftijdgenoten (Pouwels et al. 2013).
Van vrouwen met myositis die behandeld werden met corticosteroïden, had 25 %
osteoporose en fracturen. Er was geen relatie tussen lage botmassa, ziekteactiviteit
en behandeling met corticosteroïden, maar wel met een lager gewicht ten opzichte
van de controlegroep (De Andrade et al. 2012). In een andere groep volwassenen
met myositis had 24 % osteoporose en 47 % osteopenie. Een hoge ziekteactiviteit
en hoge cumulatieve doses corticosteroïden waren gerelateerd aan een verminderde botdichtheid (So et al. 2016).

5.4.5.2.1 Behandeling

In het algemeen worden bij osteoporose bij kinderen ter voorkoming van verder
verlies van de botgezondheid maatregelen aanbevolen op het gebied van voeding,
fysieke activiteit en behandeling van de onderliggende ziekte. Ten aanzien van
voeding worden door Ward et al. (2016) voldoende nutriënten ter bevordering van
het botmetabolisme aanbevolen: eiwit, kalium, koper, ijzer, fluoride, zink, vitamine A, C en K; verder minimaal 600 IE vitamine D/dag met hogere doses bij
malabsorptie, obesitas en donkere huid evenals leeftijdspecifieke aanbevolen hoeveelheden Ca, bij voorkeur via de voeding. Het optimale serum 25(OH)D is nog
niet duidelijk. Vanuit praktisch perspectief wordt als minimum 50 nmol/L aangehouden (Ward et al. 2016).

Voor SMA gelden de volgende aanbevelingen. Naast de fractuurgeschiedenis
moet de voedingsinname door de diëtist gemonitord worden: jaarlijks labwaarde
van Ca en vitamine D; suppletie als normaalwaarden niet gehaald worden en

behandeling bij bewezen deficiëntie. Bij DMD gelden daarnaast nog de volgende adviezen voor vitamine D vanwege behandeling met corticosteroïden: $2\times$ 1000 IE/dag bij 20-31 nmol/L en $2\times$ 2000 IE/dag bij < 20 nmol/L en controle na drie maanden (Ness en Apkon 2014). Ten aanzien van het gebruik van bifosfonaten bij kinderen bestaat er grote terughoudendheid.

Voor volwassenen zijn de aanbevelingen, zoals beschreven in de *Richtlijn Osteoporose en fractuurpreventie* (2011) bruikbaar. Dit geldt tevens voor aanbevelingen tijdens behandeling met corticosteroïden. Afhankelijk van de dosering en de te verwachten duur van de behandeling zijn bifosfonaten nodig met voldoende calcium via de voeding en vitamine D en indien nodig suppletie.

5.4.5.3 Metabool syndroom

Bij neuromusculaire aandoeningen is het risico op het metabool syndroom onduidelijk. De belangrijkste theoretische risicofactoren zijn een sedentaire (inactieve) leefstijl en (relatief) hogere vetmassa bij een lagere vetvrije massa. Sommige publicaties beschrijven wel het vetprofiel, maar geen andere risicofactoren voor het metabool syndroom. In een onderzoek bij ambulante patiënten met diverse langzaam progressieve NMA werd gevonden dat ruim de helft voldeed aan de criteria voor het metabool syndroom, maar niemand in een vergelijkbare controlegroep. Na een follow-up van 2,5 jaar werden geen significante veranderingen gevonden, wat kan wijzen op een ongewijzigd activiteitenniveau of ongewijzigde lichaamssamenstelling (Aitkens et al. 2005). Bij nog ambulante patiënten lijkt het mogelijk het activiteitenniveau te verhogen door middel van meer stappen per dag (van gemiddeld 4500 naar 5500 stappen) en de energie-inname met gemiddeld 300 kcal per dag te verminderen. Het risico op het metabool syndroom werd hiermee helaas niet gereduceerd (Kilmer et al. 2005).

Uit een onderzoek bij het postpoliosyndroom bleek dat er sprake was van hyperlipidemie (Totaal Cholesterol > 4.9mmol/L of LDL > 3.0 mmol/L of langdurige medicatie) bij 66 van de 89 patiënten, maar dat dit lager was dan die van de Zweedse referentiegroep. Voor statinebehandeling geldt daarom dezelfde indicatie als voor andere patiënten met verhoogd vetprofiel (Melin et al. 2015).

Bij myotone dystrofie werd bij 40 % van de deelnemers van een Amerikaans onderzoek het metabool syndroom vastgesteld. Insulineresistentie en kenmerken van het metabool syndroom hebben een relatie met de aanwezigheid van niet-alcoholische leververvetting (Shieh et al. 2010). Uit twee Servische onderzoeken blijkt het metabool syndroom als optelsom van risicofactoren niet zo vaak voor te komen. Wel worden vaak stoornissen in het vetprofiel gezien, met name hyperlipidemie. Ook insulineresistentie wordt vaak gezien, maar hypertensie en diabetes niet (Rakocevic-Stojanovic et al. 2015; Vujnic et al. 2015).

Bij kinderen met myositis met een actief ziekteproces werden cholesterolwaarden hoog in de normaalwaarden gevonden die, samen met andere parameters, wezen op een gestoorde hartfunctie (Schwartz et al. 2014).

Bij Mexicaanse jongens met Duchenne of Becker-spierdystrofie blijkt er al sprake te zijn van 0 tot 3 of meer risicofactoren voor het metabool syndroom. Een te hoge insulinespiegel en insulineresistentie waren de belangrijkste risicofactoren. Deze jongens werden niet met corticosteroïden behandeld. Vroege herkenning van metabole stoornissen is van belang om complicaties te voorkomen (Rodriguez-Cruz et al. 2016).

De betekenis van dislipidemie bij ALS is lang onduidelijk geweest. Aanvankelijk werd er een beschermende werking van dislipidemie op het ziektebeloop verondersteld. Uit onderzoek blijkt dat het totaal cholesterol daalt tijdens de progressie, door het verlies van lichaamsgewicht. De prognose wordt niet beïnvloed door het vetprofiel (Rafiq et al. 2015).

5.4.5.3.1 Behandeling

De behandeling van (riscofactoren van) het metabool syndroom is bekend. Bij neuromusculaire aandoeningen hangt de mate van verhoging van lichamelijke activiteit af van het type ziekte. Bij niet-ambulante patiënten is voedingsinterventie de enige mogelijkheid tot reductie van de risicofactoren op het metabool syndroom.

Ten aanzien van statines geldt dat die wel gebruikt kunnen worden, maar dat men rekening moet houden met het verergeren van de aandoening (meer spierzwakte en/of spierpijn) tijdens het gebruik ervan. Bij de afweging wel of geen statines weegt het voorkomen van hart- en vaatziekten zwaarder dan de mogelijk extra risico's van statines.

Het al of niet continueren van statines verdient bij ALS een zorgvuldige aanpak. Het is onduidelijk of statines invloed hebben op de progressie. Het behandelen met statines wordt alleen geadviseerd bij een klinische indicatie (Zheng et al. 2013).

5.4.5.4 Decubitus

Immobiliteit is een risicofactor voor het ontstaan van decubitus en kan optreden door bedlegerigheid of rolstoelgebondenheid. Hoewel cijfers ontbreken en er weinig aandacht voor bestaat, komt decubitus bij rolstoelgebonden mensen met een NMA in de thuissituatie regelmatig voor.

De behandeladviezen worden in de *Richtlijn Decubitus* (VV&VN 2011) en in het hoofdstuk *Decubitus en voeding* uitgebreid beschreven.

5.4.5.5 Ademhalingsinsufficiëntie

Bij diverse neuromusculaire aandoeningen kan ademhalingsinsufficiëntie ontstaan, bijvoorbeeld bij DMD, SMA, postpolio, ALS en MD, en bij GBS en MG tijdens de acute fase. Ademhalingsinsufficiëntie ontstaat door progressief krachtsverlies van de ademhalingsspieren. Hypoventilatie van de longen treedt het eerst op tijdens de slaap met stapeling van koolzuurgas tot gevolg. Symptomen van ademhalingsinsufficiëntie 's nachts kunnen zijn: ochtendhoofdpijn, nachtelijke transpiratie, nachtmerries, concentratiestoornissen, slaperigheid overdag, gebrekkige eetlust en gewichtsverlies. Regelmatige controle van de ademhalingsfunctie vindt voornamelijk plaats in een van de vier Centra voor Thuisbeademing (CTB). Tevens wordt nagegaan of andere factoren de ademhaling negatief beïnvloeden, zoals scoliose, overgewicht met hoger risico op apneu, roken, spierverslappende medicijnen en obstipatie. Het CTB hanteert een dagelijks ontlastingsregime omdat volle darmen de middenrifademhaling, vooral in liggende houding, negatief kunnen beïnvloeden.

Indien gewenst door de betrokkene en afhankelijk van het CTB-beleid kan een insufficiënte ademhaling behandeld worden met beademing. Beademing verlengt bij langzaam progressieve NMA de levensverwachting aanzienlijk en verhoogt de kwaliteit van leven (Gaytant et al. 2012). Bij mensen met ALS wordt nauwelijks verschil gevonden in ervaren mentale kwaliteit van leven (Hazenberg et al. 2016). In Nederland worden bijna 3000 mensen chronisch beademd, van wie circa 1700 mensen met een NMA. Chronisch beademen is het in principe levenslang beademen buiten het ziekenhuis. De functie van de ademhalingsspieren kan worden overgenomen van enkele uren per dag tot volledige, 24-uurs afhankelijkheid. Er zijn twee vormen van beademing: non-invasief met een neusmasker en invasief via een tracheostoma.

De relatie tussen voedingsdepletie en chronische ademhalingsziekten is vooral gedocumenteerd bij COPD. Zowel bij mensen met een NMA die beademd worden, als bij mensen met COPD met langdurige zuurstoftherapie wordt ernstige ondervoeding en een lage vetvrije massa gezien (Cano et al. 2002). Gewichtstoename door verbetering van de energetische inname leidt bij stabiele COPD, in combinatie met beweging, tot een toename van de spiermassa, een verbeterde longfunctie en inspanningstolerantie. Anders dan bij COPD worden bij NMA het ademhalingsprobleem en het spierverlies primair veroorzaakt door de neuromusculaire aandoening. Gewichtstoename zal dan ook niet leiden tot meer vetvrije massa en meer spiermassa, maar wel tot een betere voedingstoestand.

Een van de complicaties bij non-invasieve beademing is het inslikken van lucht op het moment dat lucht ingeblazen wordt. Meestal gebeurt dit tijdens de slaap (onbewust). Ingeslikte lucht wordt tijdens de slaap vaak niet opgeboerd, waardoor dilatatie van maag en darmen kan ontstaan, met klachten van een opgezet gevoel, opgezette buik en misselijkheid. Het is een vervelende complicatie waarvoor niet altijd een oplossing voorhanden is. Bij aanwezigheid van een PEG kan ontlucht worden via de PEG. Wanneer er sprake is van veel lucht, kan er ook reflux van de maaginhoud optreden. Geprobeerd kan worden de lucht vanuit de maag op te boeren, eventueel met koolzuurhoudende drank. De rest van de lucht gaat door de darm en verlaat het lichaam als flatus. Reflux van de maaginhoud kan met medicatie onderdrukt worden en indien de lucht lang in het lichaam blijft, is medicatie nodig om maag en darmen sneller leeg te maken.

5.4.5.5.1   Behandeling

Ademhalingsinsufficiëntie heeft ook gevolgen voor het eten. Een verminderde hoestfunctie, verhoogde ademarbeid, droge mond door ademen met open mond, dyspnoe, aspiratiepneumonie, cyanose of desaturatie tijdens de maaltijd kunnen leiden tot minder en eenzijdiger eten. De behandeling richt zich op herstel van een adequate inname.

Bij ongewenst gewichtsverlies en/of bestaande ondervoeding dienen zowel bij non-invasieve als invasieve beademing voedingsinterventies te worden ingezet om te voorkomen dat patiënten wegwijnen. Voorzichtige energieverrijking kan het mortaliteitsrisico ten gevolge van extreem ondergewicht verminderen en de kwaliteit van leven verbeteren.

Over de energiebehoefte bij chronische beademing wordt nauwelijks gepubliceerd. In een onderzoek van Martinez et al. (2015) bij een kleine groep kinderen, onder wie kinderen met een NMA, wordt zowel een gemiddeld te laag gewicht naar leeftijd beschreven met gemiddeld hogere vetmassa, als hypo- en hypermetabolisme, onder- en overvoeding en een lage eiwit-inname.

Bij een beperkte voedselinname door dysfagie dient de consistentie te worden aangepast en/of langdurige enterale voeding te worden ingezet.

Bij patiënten met een neiging tot overgewicht of bestaand overgewicht kan door het gebruik van beademing (fitter, meer energie, meer eten) en het lage energieverbruik het gewicht toenemen. Overgewicht vergroot de afhankelijkheid van het beademingsapparaat. Voedingsadvisering kan gericht zijn op het voorkomen van verdere gewichtstoename.

5.4.5.6   Niet-diabetische hypoglykemie

Lage bloedglucosewaarden kunnen abusievelijk worden aangezien voor verschijnselen van ademhalingsinsufficiëntie. Hypoglykemie is beschreven bij SMA, congenitale spierdystrofie en in mindere mate bij DMD. Waarschijnlijk wordt deze neiging tot hypoglykemie niet veroorzaakt door de onderliggende ziekte, maar door een extreem lage spiermassa (minder dan 10 % van het lichaamsgewicht) in combinatie met een laag lichaamsgewicht, waardoor de glycogeenvoorraad in de lever eerder uitgeput raakt. Met name bij vasten, gedurende de lange nacht bij kleine kinderen, bij perioden van koorts en bij pre- en postoperatief vasten kan dit fenomeen zich voordoen (Ørngreen et al. 2003). Het kan worden voorkomen door tijdige bloedglucosecontrole en indien nodig interventie.

5.4.5.7   Diabetes mellitus

Bij enkele NMA kan diabetes mellitus voorkomen, met name bij mitochondriële ziekten, ataxie van Friedreich en mogelijk bij MD1. Daarnaast kan diabetes secundair ontstaan door behandeling met corticosteroïden, zoals bij MG. Bij DMD zijn tot nu toe geen publicaties verschenen over het ontstaan van diabetes door behandeling met corticosteroïden. Er bestaat nog veel onduidelijkheid over een mogelijke relatie tussen diabetes en het risico op ALS. Mogelijk zijn de verhoogde incidentie van een gestoorde glucosetolerantie en het metabool syndroom bij chronisch idiopathische axonale polyneuropathie (CIAP) het gevolg van comorbiditeit en niet de oorzaak. Bij chronisch idiopathische demyeliniserende polyneuropathie (CIDP) lijkt er geen relatie te bestaan tussen de ziekte en diabetes.

Bij ataxie van Friedreich komt (insulineafhankelijke) diabetes vaak voor als late complicatie. Volgens de FARA clinical care guidelines zou de bloedglucosewaarde ieder jaar gemeten moeten worden met een orale glucosetolerantietest (OGTT).

Het ontstaan van diabetes is niet typisch voor MD1. Waarschijnlijk spelen meerdere factoren een rol bij de pathofysiologie van glucose-intolerantie bij MD1, maar vermoedelijk is insulineresistentie de primaire oorzaak. Er ontstaat een verhoogde insulineafgifte om de insulineresistentie te compenseren waardoor de nuchtere bloedglucose laag blijft, en er is sprake van een lage insulinegevoeligheid. Uit een orale glucosetolerantietest kan vervolgens toch een patroon van diabetes blijken. Daarom zouden de OGTT, voedingsadvisering en gewichtscontrole regelmatig, vanaf het begin van de ziekte, moeten plaatsvinden om verslechtering van de glucosetolerantie te voorkomen (Matsumura et al. 2009).

Bij de behandeling van diabetes dient zoals gebruikelijk rekening te worden gehouden met de onderliggende ziekte. Voorzichtigheid is geboden met een laagkoolhydraatdieet (Voedingsrichtlijn Nederlandse Diabetes Federatie 2015), omdat de glycogeenvoorraad lager is door de lagere hoeveelheid spiermassa en daardoor sneller kan leiden tot een hypoglykemie.

5.4.5.8 Cardiale problematiek

Cardiale problematiek bij neuromusculaire aandoeningen kan bestaan uit geleidings- of ritmestoornissen en/of cardiomyopathie. Cardiale problematiek is vooral bekend bij GBS in de acute fase, bij mitochondriële ziekten, MD1, DMD en Becker-spierdystrofie, alsmede bij draagsters van DMD en Becker-dystrofie, ataxie van Friedreich en de ziekte van Pompe.

Bij hartfalen door cardiomyopathie worden de gebruikelijke adviezen betreffende hoeveelheid vocht en natrium gevolgd (zie hoofdstuk *Voedingskundige aspecten van (ischemische) hartziekten* door M. Duin).

5.5 Conclusie

Het aantal internationale richtlijnen en consensus statements voor (kinderen met) NMA neemt toe. Steeds vaker wordt daarin voeding gezien als onderdeel van de multidisciplinaire behandeling. Tot nu toe worden voornamelijk de groeicurve, eventuele slikproblematiek en gastro-intestinale motiliteit inclusief reflux genoemd. In het algemeen wordt beschreven dat een proactief voedingsbeleid nodig is bij het achterblijven van de groei of bij gewichtsverlies bij volwassenen en bij ongewenste gewichtstoename.

Daarnaast wordt de laatste jaren veel onderzoek verricht naar specifieke, voedingsgerelateerde onderwerpen. De inzichten en handvatten uit die onderzoeken zijn in dit hoofdstuk zo veel mogelijk beschreven. Enkele voorbeelden: inzicht in de slikproblematiek bij DMD en SMA heeft geleid tot praktische adviezen. De gebruikelijke groeidiagrammen kunnen worden gebruikt, waarbij herhaald registreren interpretatie mogelijk maakt. Gevonden tekorten aan vitamine D leiden tot de vraag over de noodzaak van suppletie en dosering. Gevalideerde berekeningsformules zijn sinds kort beschikbaar voor de energiebehoefte bij ALS en ambulante jongens met DMD.

Nu bij sommige ziekten de overlevingsduur toeneemt door multidisciplinaire zorg, beademing en mogelijk in de nabije toekomst door behandelingsmogelijkheden, wordt steeds meer aandacht gevestigd op een goede voedingstoestand als belangrijk onderdeel van de behandeling. De rol van de diëtist is nog niet vanzelfsprekend, maar wordt steeds meer erkend. Door kennis van de mogelijke voedingsproblematiek via bovenstaande tekst en samenvattingen van publicaties via de site van Diëtisten voor Spierziekten (DvS) is het goed mogelijk mensen met een NMA te adviseren en te behandelen naar een betere voedingstoestand, verbetering van de kwaliteit van leven en een langere overlevingsduur.

Literatuur

Aitkens, S., et al. (2005). Metabolic syndrome in neuromuscular disease. *Archives of Physical Medical Rehabilitation, 86*(5), 1030–1036.

Alexanderson, H. (2009). Exercise effects in patients with adult idiopathic inflammatory myopathies. *Current Opinion in Rheumatology, 21,* 158–163.

Andrade, D. C. de, et al. (2012). High frequency of osteoporosis and fractures in women with dermatomyositis/ polymyositis. *Rheumatology International, 32,* 1549–1553.

Baldinger, R., et al. (2012). Treatment for cramps in amyotrophic lateral sclerosis/motor neuron disease. *Cochrane Database System Review, 4,* CD004157.

Banerjee, B., et al. (2010). Effect of creatine monohydrate in improving cellular energetics and muscle strength in ambulatory Duchenne muscular dystrophy patients: a randomized, placebo-controlled 31 P MRS study. *Magnetic Resonance Imaging, 28*(5), 698–707.

Bellini, M., et al. (2006). Gastrointestinal manifestations in myotonic muscular dystrophy. *World Journal of Gastroent, 12*(12), 1821–1828.

Bender, A., et al. (2016). Creatine for neuroprotection in neurodegenerative disease: end of story? *Amino Acids, 48,* 1929–1940.

Bokuda, K., et al. (2016). Predictive factors for prognosis following unsedated percutaneous endoscopic gastrostomy in ALS patients. *Muscle Nerve, 54,* 277–283.

Bushby, K., et al. (2010a). Diagnosis and management of Duchenne muscular dystrophy, part 1: diagnosis, and pharmacological and psychosocial management. *Lancet Neurol, 9*(1), 77–93.

Bushby, K., et al. (2010b). Diagnosis and management of Duchenne muscular dystrophy, part 2: implementation of multidisciplinary care. *Lancet Neurol, 9*(2), 177–189.

Cano, N. J. M., et al. (2002). Nutritional depletion in patients on long-term oxygen therapy and/ or home mechanical ventilation. *European Respiratory of Journal, 20*(1), 30–37.

Dahlqvist, J. R., et al. (2015). Endocrine function over time in patients with myotonic dystrophy type 1. *European Journal of Neurology, 22*, 116–122.

Desport, J. C., et al. (2003). Validation of bioelectrical impedance analysis in patients with amyotrophic lateral sclerosis. *American Journal of Clinical Nutrients, 77*(5), 1179–1185.

Elliott, S. A., et al. (2012). Predicting resting energy expenditure in boys with Duchenne muscular dystrophy. *European Journal of Paediatric Neurology, 6*, 631–635.

Engel-Hoek, L. van den, et al. (2013). Oral muscles are progressively affected in Duchenne muscular dystrophy: implications for dysphagia treatment. *Journal of Neurology, 5*,1295–1303.

Ellis, A. C., & Rosenfeld, J. (2011). Which equation best predicts energy expenditure in amyotrophic lateral sclerosis? *J Am Diet Assoc, 111*, 1680–1687.

Gagnon, C., et al. (2010). Health supervision and anticipatory guidance in adult myotonic dystrophy type 1. *Neuromuscul Disorder, 20*, 847–851.

Gaytant, M., et al. (2012). Chronisch beademd, levenslang kwetsbaar. *Medisch Contact, 67*(2), 81–83.

Gess, B., et al. (2015). Ascorbic acid for the treatment of Charcot-Marie-Tooth disease. *Cochrane Database System Review, 12*, CD011952.

Gonzalez-Bermejo, J., et al. (2005). Resting energy expenditure in Duchenne patients using home mechanical ventilation. *European Respiratory Journal, 25*(4), 682–687.

Hazenberg, A., et al. (2016). Is chronic ventilatory support really effective in patients with amyotrophic lateral sclerosis? *Journal of Neurology, 263*(12), 2456–2461.

Huber, A. M., et al. (2016). The impact of underlying disease on fracture risk and bone mineral density in children with rheumatic disorders: a review of current literature. *Semin Arthritis Rheum, 46*, 49–62.

Kasarskis, E. J., et al. (2014). Estimating daily energy expenditure in individuals with amyotrophic lateral sclerosis. *American Journal of Clinical Nutrients, 99*, 792–803.

Kilmer, D. D., Wright, N. C., & Aitkens, S. (2005). Impact of a home-based activity and dietary interventions in people with slow progressive neuromuscular diseases. *Arch Phys Med Rehab, 86*(11), 2150–2156.

Limousin, N., et al. (2010). Malnutrition at the time of diagnosis is associated with a shorter disease duration in ALS. *Journal of Neurology Science, 297*(1-2), 36–39.

Lo Cascio, C. M., et al. (2014). Severe metabolic acidosis in adult patients with Duchenne muscular dystrophy. *Respiration, 87*(6), 499–503.

Marin, B., et al. (2011). Alteration of nutritional status at diagnosis is a prognostic factor for survival of amyotrophic lateral sclerosis patients. *Journal of Neurology and Neurosurgeon Psychiatry, 6*, 628–634.

Martigne, L., et al. (2010). Efficacy and tolerance of gastrostomy feeding in Duchenne muscular dystrophy. *Clinical Nutrients, 29*(1), 60–64.

Matsumura, T., et al. (2009). A cross-sectional study for glucose intolerance of myotonic dystrophy. *Journal of Neurology Science, 276*(1–2), 60–65.

Martinez, E. E., et al. (2015). Metabolic assessment and individualized nutrition in children dependent on mechanical ventilation at home. *Journal of Pediatrics, 166*, 350–357.

Melin, E., et al. (2015). Elevated blood lipids are uncommon in patients with post-polio syndrome – a cross sectional study. *BMC Neurology, 5*, 67.

Miller, R. G., et al. (2009). Practice parameter update: The care of the patient with amyotrophic lateral sclerosis: drug, nutritional, and respiratory therapies (an evidence-based review): report of the Quality Standards Subcommittee of the American Academy of Neurology. *Neurology, 73*(15), 1218–1226.

Moxley, R. T., et al. (2010). Change in natural history of Duchenne muscular dystrophy with long-term corticosteroid treatment: implications for management. *Journal of Child Neurology, 25*(9), 1116–1129.

Ness, K., & Apkon, S. D. (2014). Bone health in children with neuromuscular disorders. *J Pediatr Rehabil Med, 7*(2), 133–142.

Ørngreen, M. C., et al. (2003). Patients with severe muscle wasting are prone to develop hypoglycemia during fasting. *Neurology, 61*(7), 997–1000.

Perera, N., et al. (2016). Fracture in Duchenne muscular dystrophy: natural history and vitamin D deficiency. *Journal of Child Neurology, 9*,1181–1187.

Paganoni, S., et al. (2011). Body mass index, not dyslipidemia, is an independent predictor of survival in amyotrophic lateral sclerosis. *Muscle Nerve, 44*, 20–24.

Pfeffer, G., et al. (2012). Treatment for mitochondrial disorders. *Cochrane Database System Review, 4*,CD004426.

Pouwels, S., et al. (2013). Fracture rate in patients with myasthenia gravis: the general practice research database. *Osteoporos International, 24*, 467–476.

ProGas Study Group. (2015). Gastrostomy in patients with amyotrophic lateral sclerosis (ProGas): a prospective study. *Lancet Neurol, 14,* 702–709.

Rafiq, M. K., et al. (2015). Effect of lipid profile on prognosis in the patients with amyotrophic lateral sclerosis: insights from the olesoxime clinical trial. *Amyotrophic Lateral Sclerosis and Frontotemporal Degeneration, 16*(7–8), 478–484.

Quinlivan, R., Beynon, R. J., Martinuzzi. A. (2014). Pharmocological and nutritional treatment for McArdle disease (Glycogen storage disease type V). *Cochrane Database System Review, 11*, CD003458.

Rakocevic-Stojanovic, V., et al. (2015). Variability of multisystemic features in myotonic dystrophy type 1 – lessons from Serbian registry. *Neurology Resources, 11*, 939–944.

Ramelli, G. P., et al. (2007). Gastrostomy placement in paediatric patients with neuromuscular disorders: indications and outcome. *Developmental Medicine and Child Neurology, 49*(5), 267–271.

Richtlijn decubitus preventie en behandeling. Verpleegkundigen & Verzorgenden Nederland. 2011.

Richtlijn Guillain-Barré syndroom. Spierziekten Nederland, Nederlandse Vereniging voor Neurologie en Nederlandse Vereniging van Revalidatieartsen. 2011. Herziening 2012: http://www.erasmusmc.nl/47445/674532/2253326/GBS.

Richtlijn Osteoporose en fractuurpreventie. Nederlandse Vereniging voor Reumatologie, 2011.

Rodriguez-Cruz, M., et al. (2016). Leptin and metabolic syndrome in patients with Duchenne/Becker muscular dystrophy. *Acta Neurology Scandal, 133*(4), 253–260.

Roubeau, V., et al. (2015). Nutritional assessment of ALS in routine practice: value of weighing and bioelectrical impedance analysis. *Muscle Nerve, 4*, 479–484.

Russ, K. B., et al. (2015). Percutaneous endoscopic gastrostomy in amyotrophic lateral sclerosis. *American Journal of Medicine and Science, 2*, 95–97.

Sarfaty, M., et al. (2013). Outcome of percutaneous endoscopic gastrostomy insertion in patients with amyotrophic lateral sclerosis in relation to respiratory dysfunction. *Amyotrophic Lateral Sclerosis and Frontotemporal Degeneration, 14*, 528–532.

Schwartz, T., et al. (2014). In active juvenile dermatomyositis, elevated eotaxin and MCP-1 and cholesterol levels in the upper normal range are associated with cardiac dysfunction. *Rheumatology, 53*, 2214–2222.

Shieh, K., Gilchrist, J. M., & Promrat, K. (2010). Frequency and predictors of nonalcoholic fatty liver disease in myotonic dystrophy. *Muscle & Nerve, 41*(2), 197–201.

So, H., Yip, M. L., & Wong, A. K. M. (2016). Prevalence and associated factors of reduced bone mineral density in patients with idiopathic inflammatory myopathies. *Int J Rheum Dis, 19*, 521–528.

Solis, M. Y., et al. (2016). Efficacy and safety of creatine supplementation in juvenile dermatomyositis: a randomized, double-blind, placebo-controlled crossover trial. *Muscle Nerve, 53*, 58–66.

Straathof, C. S., et al. (2009). Prednisone 10 days on/10 days off in patients with Duchenne muscular dystrophy. *Journal of Neurology, 256*(5), 768–773.

Tarnopolsky, M. A. (2011). Creatine as a therapeutic strategy for myopathies. *Amino Acids, 40*, 1397–1407.

Tarnopolsky, M. A., et al. (2010). Bacterial overgrowth syndrome in myotonic muscular dystrophy is potentially treatable. *Muscle & Nerve, 42*, 853–855.

Terzi, N., et al. (2007). Breathing-swallowing interaction in neuromuscular patients: a physiological evaluation. *American Journal of Respiratory and Critical Care Medicine, 175*(3), 269–276.

Toussaint, M., et al. (2016). Dysphagia in Duchenne muscular dystrophy: practical recommendations to guide management. *Disability Rehabilitation, 20*, 2052–2062.

Vai, S., et al. (2015). Bone and spinal muscular atrophy. *Bone, 79*, 116–120.

Veldink, J. H., et al. (2007). Intake of polyunsaturated fatty acids and vitamin E reduces the risk of developing amyotrophic lateral sclerosis. *Journal of Neurology and Neurosurgeon Psychiatry, 78*, 367–371.

Vujnic, M., et al. (2015). Metabolic syndrome in patients with myotonic dystrophy type 1. *Muscle Nerve, 52*(2), 273–277.

Wadman, R. I., et al. (2011). Drug treatment for spinal muscular atrophy types II and III. *Cochrane Database System Review, 12*, CD006282.

Wang, C. H., et al. (2007). Consensus statement for standard of care in spinal muscular atrophy. *Journal of Child Neurology, 22*(8), 1027–1049.

Ward, L. M., Konji, V. N., & Ma, J. (2016). The management of osteoporosis in children. *Osteoporos Int, 27*, 2147–2179.

Weijs, P. (2011). Hypermetabolism, is it real? The example of amyotrophic lateral sclerosis. Research Editorial. *Journal of American Diet Association, 111*, 1670–1673.

Zanardi, M. C., et al. (2003). Body composition and energy expenditure in Duchenne muscular dystrophy. *European Journal of Clinical Nutrients, 57*, 273–278.

Zheng, Z., Sheng, L., & Shang, H. (2013). Statins and amyotrophic lateral sclerosis: a systematic review and meta-analysis. *Amyotrophic Lateral Sclerosis and Frontotemporal Degeneration, 14*, 241–245.

Websites

www.dietistenvoorspierziekten.nl.

www.spierziekten.nl.

www.als-centrum.nl (voor zakboek ALS en richtlijn PEG).

http://www.treat-nmd.eu/care/overview/ (voor family-guides DMD, SMA en CMD).

https://www.spierziekten.nl/fileadmin/user_upload/VSN/documenten/Hulpverlenersinformatie/ Richtlijnen/Richtlijn-MD-2013.pdf (richtlijn myotone dystrofie type 1).

http://www.iscd.org/official-positions/2013-iscd-official-positions-pediatric/ (definitie osteoporose kinderen).

http://www.curefa.org/clinical-care-guidelines (richtlijn ataxie van Friedreich).

Printed in the United States
By Bookmasters